建筑·景观·室内·工业设计

手绘快速表现技法

荆亮亮 编著

辽宁科学技术出版社
沈阳

图书在版编目（CIP）数据

建筑·景观·室内·工业设计：手绘快速表现技法 / 荆亮亮编著. —沈阳：辽宁科学技术出版社，2009.6
ISBN 978-7-5381-5954-7

Ⅰ. 建… Ⅱ. 荆… Ⅲ. ①建筑艺术－绘画－技法（美术）②建筑艺术－绘画－作品集－中国－现代 Ⅳ. TU204 TU-881.2

中国版本图书馆CIP数据核字（2009）第078182号

出版发行：辽宁科学技术出版社
（地址：沈阳市和平区十一纬路29号　邮编：110003）
印 刷 者：北京艺堂印刷有限公司
经 销 者：各地新华书店
幅面尺寸：210mm×285mm
印　　张：8.5
字　　数：115千字
出版时间：2009年6月第1版
印刷时间：2009年6月第1次印刷
责任编辑：刘媛媛
封面设计：刘青
责任校对：王宪辉

书　　号：ISBN 978－7-5381-5954-7
定　　价：35.00元

联系电话：010-88386575
邮购热线：010-88384660
E-mail:lkzzb@mail.lnpgc.com.cn
http://www.lnkj.com.cn

前言

懂得用手绘表现设计，你就会得到更多的设计“创意”！

在 “速食主义”蔓延的今天，CAD以快速而整齐的阵列单调地排列出精美的廊架，3D的强大可以在你的意念之下建起一座又一座空中花园，PS可以将你所有图纸中的瑕疵修改得天衣无缝。然而，当一切都归于零的时候，试着问问自己，这就是你所想要的吗？这一张张从冰冷的机器里面产生的毫无感情色彩的图纸就是你一直追求的设计吗？

手绘可以说是创意的开始，所有的创意构思都离不开手绘的表达；在设计中把握设计的轮廓和设计的思想是非常重要的环节；但是在电脑时代的今天，设计的原创性却被无情地抹杀了。 现在有绝大多数的设计师是坐在电脑前在想方案，设计创意的灵感只是在一霎那，电脑无法在瞬间去捕捉，而手绘就可以及时表达出来，同时也可以点燃大脑思维的火种，使之一发不可收拾。所以说手绘是非常重要的。试想一个优秀的设计人员在行走、思考的时候，他和他的笔都能扑捉住瞬间的生活感悟以及灵感的火花，这样的设计者，以这样的生活态度去工作去生活，让设计融入他的生活，而不单单只是简单的CTRL+C、CTRL+V。

设计师在设计创造过程中需要将抽象思维转换为具象的图形，手绘是最直接、最快捷的方式。手绘表现图作为设计师传达思想的媒介形式，是设计师表达观念、思想和情感的重要方式和途径。手绘表现是视觉造型的最基本手段之一，是建筑设计师、景观设计师和室内设计师必备的技能，已越来越多地得到重视。

本书包含了手绘快速表现基础理论知识和作品赏析两部分内容，手绘基础理论系统地介绍了手绘快速表现的基本知识和学习方法，为广大手绘爱好者提供了参考。收入的均是作者不同时期的写生、设计、创作作品。图中文字包含作者创作和写生的心得体会，使读者更加直观地认识和学习手绘快速表现技法。

因编写时间仓促，加上本人学识有限，还存在很多不足之处，谨请广大读者指正。

荆亮亮

2008年12月

目录

第1章 概述

1.1 基本含义

手绘：拿手画画、画图，用手中的笔表现设计的理念和构思。一种直观的富含感情的表达方式。

手绘对于设计师来说，可以分两种：一种是设计师表达自己设计概念的手绘，这种手绘不存在画得好不好，只存在能不能表达清楚，让别人看得懂；这种手绘能力是每个合格的设计师都应该具备的；另一种是成图的手绘，比如说手绘的平面图、透视图，这些就好像是电脑的效果图，没必要每个人都会画。

在环境表现的手段和形式中，手绘的艺术特点和优势决定了在表达设计中的地位和作用，其表现技巧和方法带有纯然的艺术气质，在设计理性与艺术自由之间对艺术美的表现成为设计师追求永恒而高尚的目标。设计师的表现技能和艺术风格是在实践中不断地积累和思索、磨炼中成熟，因此，对技巧妙义的理解和方法的掌握是表现技法走向艺术成熟的基础，手绘表现的形象能达到形神兼备的水平，是艺术赋予环境形象以精神和生命的最高境界，也是艺术品质和价值的体现。

思维产生设计，设计由表现来推动和深化，环境表现以艺术形象的外化形式表达设计的意义。在设计程序中手绘表现是描述环境空间、形象设计更为形象直白的语言形式，它在设计程序中对创意方案的推导和完善起着不可替代的重要作用，是沟通与交流设计思想最便利的方法和手段，人可以通过手绘表现的便利通道来认识设计的本质内容和主旨思想。

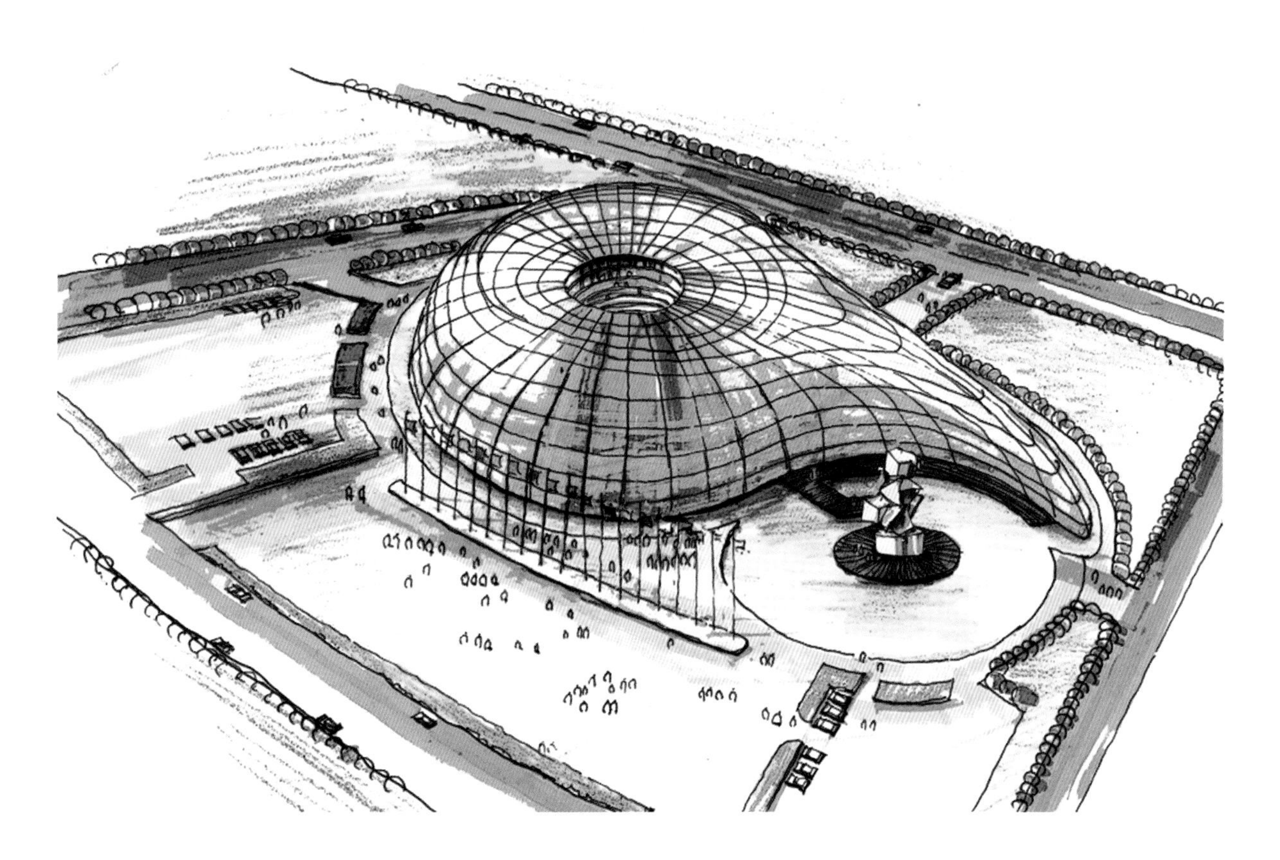

设计是表现的目的，表现为设计所派生，脱离设计谈表现，表现便成了无源之水、无本之木。但同时，成熟的设计也伴随着表现而产生，两者相辅相成互为因果。手绘表现是判断把握环境物象的空间、形态、材质、色彩特征的心理体验过程，是感受形态的尺度与比例、材质的特征与表象、色彩的统一与丰富的有效方法，是在设计理性、直觉感悟、艺术表现的嬗变过程中对创意方案的美学释义。手绘表现因继承和发展了绘画艺术的技巧和方法，所以产生的艺术效果和风格便带有纯然的艺术气质，其手法的随意自由性确立了在快速表达设计方案、记录创意灵感时的优势和地位。

那么，怎样才算是一张好的表现图呢？

设计表现图与纯艺术的绘画和摄影有一定的差别，其主要的目的是表达设计意图，是思维迸发的意向产品。当然，它与美有密切的联系。一幅画面中，主要有五种关系：

(1) 主体物同附属物之间的关系；

(2) 主体物同背景之间的关系；

(3) 主体物与地面之间的关系；

(4) 质感、体量、肌理、光影之间的关系；

(5) 色彩的关系。

一般在一幅画中，这些关系是相互作用的，也是设计作品在表现中较多的艺术因素，需要表现者认真地去分析、研究、计划和调控。值得注意的是应处理好黑、白、灰三大明度关系，才不至于使画面的表现内容出现层次不清、呆板、毫无生气等视觉现象。

学习手绘表现既要跟上时代，从实用角度出发，掌握最新的手绘工具技法，又要了解传统技法与现代技法的关联，把握手绘图的实质。具体来说就是要重视技法上的系统基础训练，从速写勾线到上色训练，再到创意的快速表现。培养踏实、厚重、不投机取巧的态度，是更快地掌握手绘图的科学途径。

1.2 表现风格

表现风格的形成以设计师的艺术素质为前提，是设计师在运用技法表达空间、形态、色彩中形成的笔法形式特征和艺术个性。如果把设计与表现作为主、客体关系来认识，那么设计表现就应成为设计师主观能动地调整环境设计向艺术方向发展的有效手段。在设计与表现的直觉—理性—感性的能动转换中，设计师对美的感悟、灵性的触动、创新的意念一起揉进表现的形式中，风格的意向之美便逐渐地孕育而产生。与此同时，对某种风格特征和艺术个性的感受将产生特有的审美趣味和艺术感染力，以达到美感共鸣来带动认同设计的目的，以此为条件的设计交流和沟通将提升到更高的艺术层面上展开。

1.3 手绘快速表现的特点

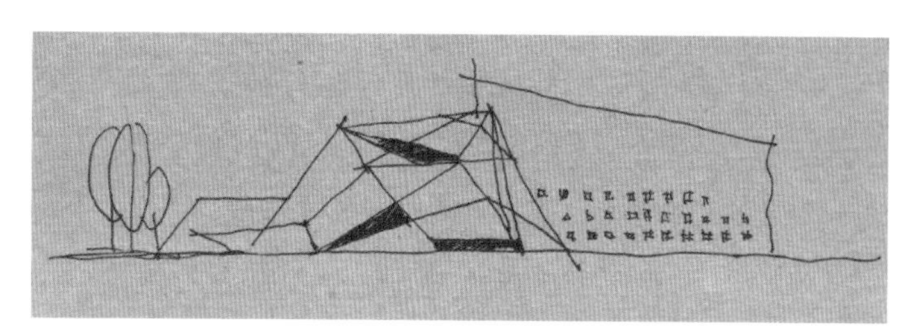

“快速”和“感染力”是学习的重点。

1.3.1 科学性

快速表现图与纯艺术有一定的差别，是科学的思维结果。设计是综合的学科，它所改造的环境对象是一个复杂的整体。因此，应遵守科学的方法进行绘制，对设计对象的面积、尺度、透视及比例准确地表达。

1.3.2 艺术性

通过艺术表现的手段对设计作品进行美化，使之具有较强的艺术感染力和良好的视觉效果和说明性。手绘表现图应具有图解的功能，使观者能一目了然地读懂所绘对象的内容。

第2章　基础知识

2.1　工具和材料

首先要说的是：在手绘创作的选材上，不少人一味地追求品牌材料的光环，却疏忽了重要的大量的练习，这是严重的误区。

对于手绘而言，尤其是初学者以及一些手绘还在研习阶段的朋友，手绘选材上以一般材料为主即可，待到绘画技巧有了一定进步再慢慢加入高质量画材为佳。这样既可以降低大量绘画练习成本，也不会浪费好画材。下面对一些常用工具做一简单的介绍。

一般常用工具分为：笔、纸、辅助工具。

2.2　绘制线条的工具

铅笔、签字笔、美工笔、针管笔等。

工具应用体会：线条的长短是受手指、手腕、肘和肩的运动所控制的。大多数的线条，哪怕是短线条，可以用臂力来画，也应该用臂力来画——以肩膀为稳定点，这样画出的线条利落而潇洒。

用美工笔作画，手腕用力要有技巧，笔同纸面的角度不同，画出来的线条也是不同的。美工笔还可以反过来用，线条细腻，可以画建筑物的阴影部分。针管笔等线条比较单一，但是在尺规做图方面有钢笔所不能达到的优点。针管笔的效果比较干净，风格现代。

2.3　着色工具

2.3.1彩色铅笔

彩色铅笔能在整个画面的协调中都起到很大的作用，包括远景的刻画、特殊的刻画。

彩色铅笔之所以备受设计师的喜爱，主要因为它有方便、简单、易掌握的特点，运用范围广，效果好，是目前较为常用的绘画工具之一。尤其在快速表现中，用简单的几种颜色和轻松、洒脱的线条即可说明设计中的用色、氛围及用材。同时，由于彩色铅笔的色彩种类较多，可表现多种颜色和线条，能增强画面的层次和空间。用彩色铅笔在表现一些特殊肌理，如木纹、灯光、倒影和石材时，均有独特的效果。

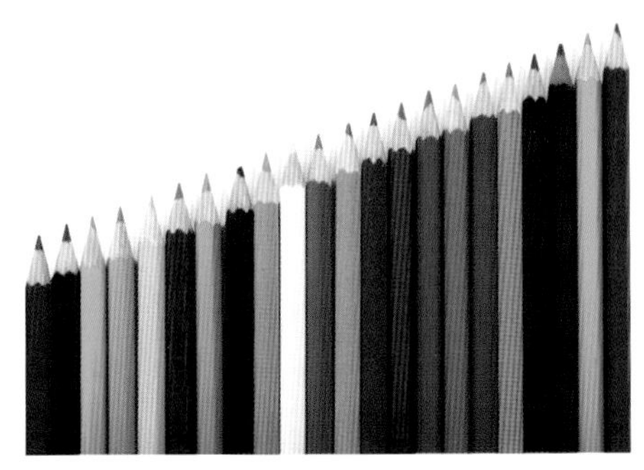

在我们具体使用彩色铅笔时应掌握如下几点：⑴ 在绘制图纸时，可根据实际的情况，改变彩色铅笔的力度，以便使它的色彩明度和纯度发生变化，带出一些渐变的效果，形成多层次的表现。⑵由于彩色铅笔有可覆盖性，所以在控制色调时，可

用单色（冷色调一般用蓝颜色，暖色调一般用黄颜色）先笼统地罩一遍，然后逐层上色，进行细致刻画。⑶选用纸张也会影响画面的风格，在较粗糙的纸张上用彩色铅笔会有一种粗犷豪爽的感觉，而用细滑的纸会产生一种细腻柔和之美。

2.3.2 马克笔（POP广告笔/唛克笔）

这是目前手绘使用最普遍的着色工具，它属于直接着色类的笔具，不需要再增添辅助材料即可以直接用来作画，不但具有各种不同大小、粗细的笔头，而且色彩种类丰富，画完之后有速干的效果。方便、迅速、干净、明快的特色，符合手绘的制作特性。马克笔的使用也是需要手腕用力，下笔快速，不能滞留，否则水性马克笔的颜色会深一块浅一块，难以修改。当然，这也可以被用来做出不同质感的效果，需要视具体情况予以运用。

马克笔分为油性和水性。

油性马克笔含有易挥发的化学材质，快干、耐水、而且耐光性相当好。

水性马克笔因为干燥速度稍慢，会造成渲染或渐层的效果，颜色亮丽并具有透明感。

马克笔按笔头的宽度分为3mm 、6mm、12mm、20mm、30mm。

一般淡灰色、淡蓝色和带有土黄色的黄绿色的马克笔最为常用。 因为灰色在很多时候可以用来加深色彩，处理阴影，用得最多。淡蓝色在画玻璃和水面时是最常用的。而这种黄绿色是绿化面积的最佳处理色，不会像一般纯粹的绿色那样夸张，较为中性化。

马克笔由于其色彩丰富、作画快捷、使用简便、表现力较强，而且能适合各种纸张，省时省力，因此在近几年里成了设计师的宠儿。

另外在手绘着色工具中还有水彩笔、水粉笔等，在这里不做详细介绍。

2.4 纸

不同纸，具有不同的纹理和底色，绘制出的图画也会有不同的效果。在使用时，要根据自己的创作要求，选择更能表达主题的纸张。我比较喜欢较厚的纸张，要求纸张紧密有较强的吸水性。其实任何纸张都可以尝试，不同的纸张会出现不同的效果。

工具应用体会：用纸上，一般的复印纸就可以了，常用的大都为80克以上，70克也行，但是不能太薄。常用的画纸有：硫酸纸、复印纸、铜版纸、膜纹纸、牛皮纸等等。

2.5 辅助工具

为了使图画效果更加理想，我们还需要一些辅助工具的配合。如：美工刀、裁刀、直尺、三角板、透明胶带、胶水、钉书器，打孔器等。

第3章 透视基础

3.1 透视的必要常识

首先我们需要了解一些透视必要的知识。

现代绘画透视着重研究和应用的是线性透视，而线性透视的重点是焦点透视，它具有较完整较系统的理论和不同的作图方法。

线性透视是指14世纪文艺复兴以来，逐步确立的描绘物体、再现空间的线性透视学透视的方法和其他科学透视的方法，是画家要求理性解释世界的产物。其特点是逼真再现事物的真实关系，是写生重要的基础。

文艺复兴时期意大利人文主义运动中最杰出的人物列奥纳多·达·芬奇（1452—1519），他把绘画与雕刻的原理应用到透视学上，他确定了影响远近知觉的五种因素，从而奠定了现代科学透视的基石。即线条透视（物体越远，视角越小）、节目透视（物体越远，细节越模糊）、空气透视（山越远越蓝，是由于空气和烟雾的影响）、移动透视（注视近物而头摇动则该物与头同向移动，注视远物头摇动则远物与头反向移动）、双眼视差（左、右眼对同一物所见不完全相同）。根据这种透视方法所描绘的物体最接近眼睛所感受到的事物的真实。先人经历无数研究得出的这些法则，现在，我们从照片中则很容易就可以体会到。

这一透视法则可分为线性透视和空气透视。线性透视（也称线条透视、几何透视），是根据光学和数学的原则，在平面上用线条来图示物体的空间位置、轮廓和光暗投影的科学；按照灭点的不同，分为平行透视(一个灭点)、成角透视(两个灭点)和斜透视(三个灭点)。因为透视现象是远小近大，所以也叫“远近法”。其表现形式有以下几个方面：体积相同的物体，距离近时，视觉影像较大，远时，则小；距离较近时，宽度相同的物体视觉影像较宽，远时，则窄。这是由人眼的视角形成的规律。位于视平线以上的物体，近高远低，位于视平线以下的物体，近低远高。在现实生活中，人眼观看远近景物的透视规律如下：

(1) 物体远近不同，人感觉它的大小不同，越近越大，越远越小，最远的小点会消失在地平线上。

(2) 有规律地排列形成的线条或互相平行的线条，越远越靠拢和聚集，最后会聚为一点而消失在地平线上。

物体的轮廓线条距离视点越近越清晰，越远则越模糊。

而在线性透视理论确立以前，世界各地由于不同文化制约，已经形成了丰富多彩的自发表现空间立体的方法，在距今 3万年的旧石器时代的洞窟壁画中就有所运用。这些再现空间的方法，是画家们依靠感官认识世界的体现。

3.1.1 纵透视

在平面上把离视者远的物体画在离视者近的物体上面。中国古代构图法中称高远法，即近低远高。在人类早期的绘画艺术中经常可以看到，最典型的是埃及墓室壁画的构图，远景作为一条横带，完全置于近景横带之上。在儿童画中我们也很容易看到，所有物体都放置在一个平面上，物体没有近大远小的区别，只是通过物体的高低位置来体现透视感。现代很多画家也经常使用这种方法，描绘出的世界往往带给我们特别的感受。

3.1.2 斜透视

离视者远的物体，沿斜轴线向上延伸。在《清明上河图》中，我们明显可以看到这样的表现手法。这里不同于焦点透视中的斜透视。

3.1.3 重叠法

又叫遮挡法，前景物体在后景物体之上，利用前面的物体部分遮挡后面的物体来表现空间感。在儿童画中，小朋友们往往采用混合式的绘画空间来表现他们对世界的认知，而主要的空间表现方式就是“左右上下关系”和“部分遮挡关系”。同时遮挡法也使在有限的画面内表现更多内容成为可能。

3.1.4 近大远小法

将远的物体画得比近处的同等物体小。这也是现代线性透视学的重要理论基础。

3.1.5 近缩法

在同一个物体上，为了防止由于近部正常透视太大，而遮挡远部的表现，为此有意缩小近部，以求得完整的画面效果。在佛寺中常见把大佛塑造得往上逐渐膨大，实际上就是近缩法的运用，使人在其下仰视时避免过度的近大远小变化，并得到完整的视觉印象。

3.1.6 空气透视法

由于空气的阻隔，空气中稀薄的杂质造成物体距离越远，看上去形象越模糊， 所谓“远人无目，远水无波”，部分原因就在于此。同时存在着另外一种色彩现象，由于空气中孕含水气，在一定距离之外物体偏蓝，距离越远偏蓝的倾向越明显，这也可归于色彩透视法。晚期哥特式风格的祭坛画，常用这种方法造成画面的真实性。

3.1.7 色彩透视法

因为空气阻隔，同样颜色的物体距离近则色彩鲜明，距离远则色彩灰淡。

3.1.8 环形透视

环形透视的特点是不固定视点，视点在围绕对象作环形运动，因而能把对象的各个侧面及背面作全方位的展示，这种环形透视在传统民间美术中是最为常见的。

3.1.9 透明透视

透明透视是所描绘的对象内外重叠或前后重叠，互不遮挡。例如，透过虎、牛的肚皮可以看到腹内的小仔。透过房屋的墙面可以看到屋内的景象等。这一表现手法最常见于民间美术。民间美术之所以能突破透视规律的局限，在于民间美术抛开了自然对象的实体真实，即立体的、占有一定空间的真实，而是以全部感性与理性的认识来综合表现对象，观看的真实已让位于观念的真实，客体形象的真实已让位于心象的真实。 墙背面或动物腹内的事物虽然在一个视点看不到，但它是存在的。儿童画中同样会经常看到这种只关注表现内心感受的空间表现方法。

3.1.10 散点透视

不同于焦点透视只描绘一只眼固定一个方向所见的景物，它的焦点不是一个而是多个。视点的组织方式并无焦点，而是有一群与画面同样宽的分散的视点群。画面与视点群之间，是无数与画面垂直的平行视线，形成画面的每个部分都是平视的效果。若从一点看全幅，则不符合透视法，但是观众移动着去欣赏画面时，每个局部都似生活景象，这种透视法的画面，有利于充分表现人物及局部。由于画面的视点不是集中的，而是分散到与画面等大面积，成为无数分散的视点，故名散点透视。散点透视有纵向升降展开的画法，中国画论称为高远法；有横向高低展开的画法，称为平远法；还有远近距离展开的画法，称为深远法。

3.1.11 反透视

除了以上的理性透视和感性透视外，还有画家自主创造的故意违反透视规律的空间表现手法。即故意违反一般透视的近大远小的规律。一般认为开创反透视先河的是被称为“现代绘画之父”的塞尚，对于文艺复兴以来利用线性透视方法造成三维错觉的那一套技巧，塞尚已抛至脑后。他创造了一种“反透视法”，他不是创造观赏者进入画里面去的深度，而是创造被他所描绘的物和人向观赏者走出来的印象。他无意于使自己的作品获得“逼真”的效果，无意于表现物体的立体感，而是要表现物体的结构、相互关系和色彩，他要达到一种艺术的真实，这是靠艺术家的理性而非眼睛所能把握的真实是由于科技发展和实际要求而产生的

3.1.12 广角透视

又名鱼眼透视，因为模仿鱼眼镜头的拍摄效果而得名，具有扭曲夸张的透视效果。在表现视觉冲击力的漫画场面中经常被用到，也可以在较小画面中表现广大的空间。

3.1.13 俯视平行透视

一种变通的，无灭点的俯视平行透视方式，多运用于游戏场景中。

从以上介绍来看，所谓“透视”，就是表现画面中各种物体的相互之间的空间关系或者位置关系，在平面上构建空间感、立体感的方法。所有透视方法都服从于画者对画面的表现要求。我们也可以根据自己的需求选择运用最合适的表现手法来学习或者创作自己的绘画作品。学习透视不需要一丝不苟地严格按照透视原理进行创作，如果一丝不苟地严格按照透视原理进行创作，其结果往往是一幅呆板而又僵硬的画。观察和感觉对掌握基本的绘画技巧已经足够了。靠感觉画透视关系的最大好处是它可以应用到各种主题表现中去。

透视用来表现一幅画面的空间感，增强画面的深度。应用时要注意几点重要原则，我们用图解的方法来加以说明。

在设计快速表现中一点透视和两点透视较为常用，而三点透视比较少用。下面对这三种透视方法重点讲解。

3.2 平行透视

平行透视又称一点透视，我们把想象中的地平线和视平线视为同一条线。就是说立方体放在一个水平面上，前方的面（正面）的四边形分别与画纸四边平行时，上部朝纵深的平行直线与眼睛的高度一致，消失成为一点。而正面则为正方形。

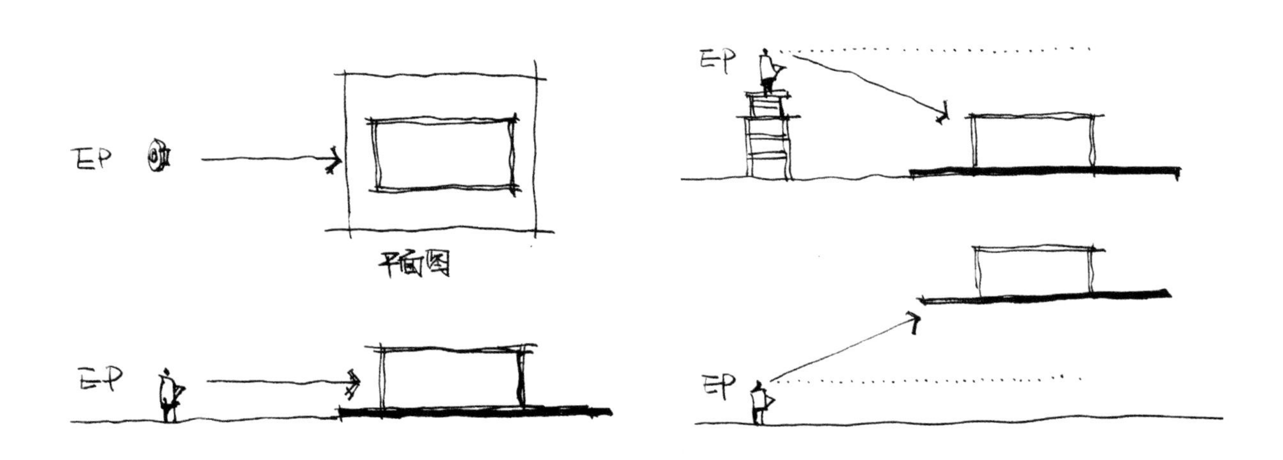

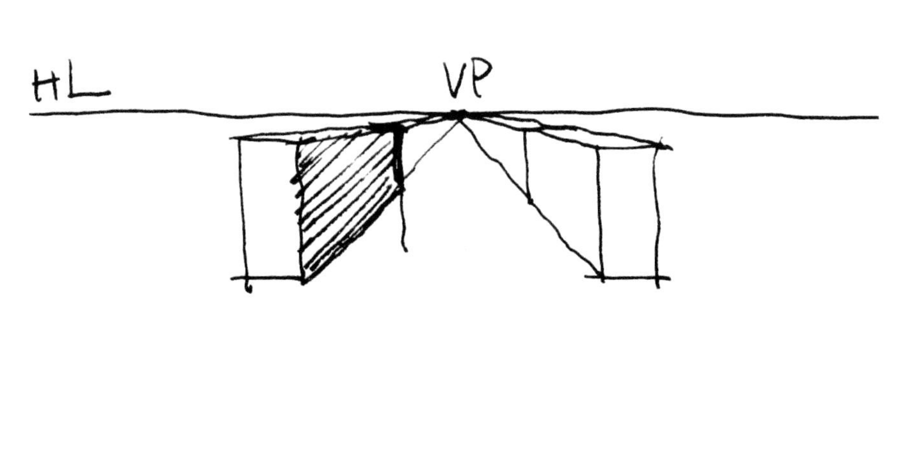

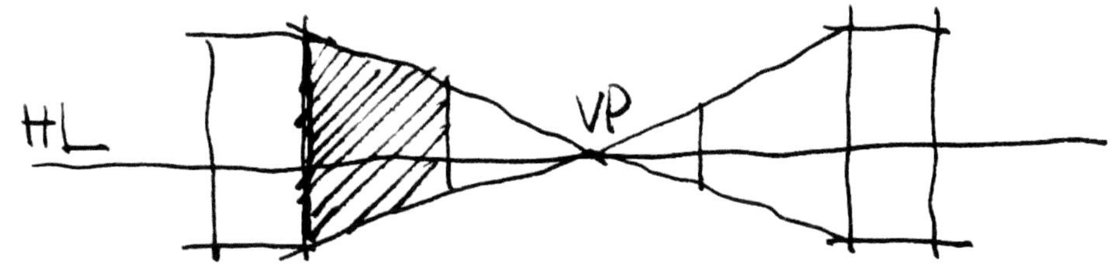

3.3 成角透视

成角透视（二点透视）中由透视产生的消失点总是位于地平线上。

就是把立方体画到画面上，立方体的四个面相对于画面倾斜成一定角度时，往纵深平行的直线产生了两个消失点。在这种平行的情况下，与上、下两个水平面相垂直的平行线也产生了长度的缩小，但是不带有消失点。

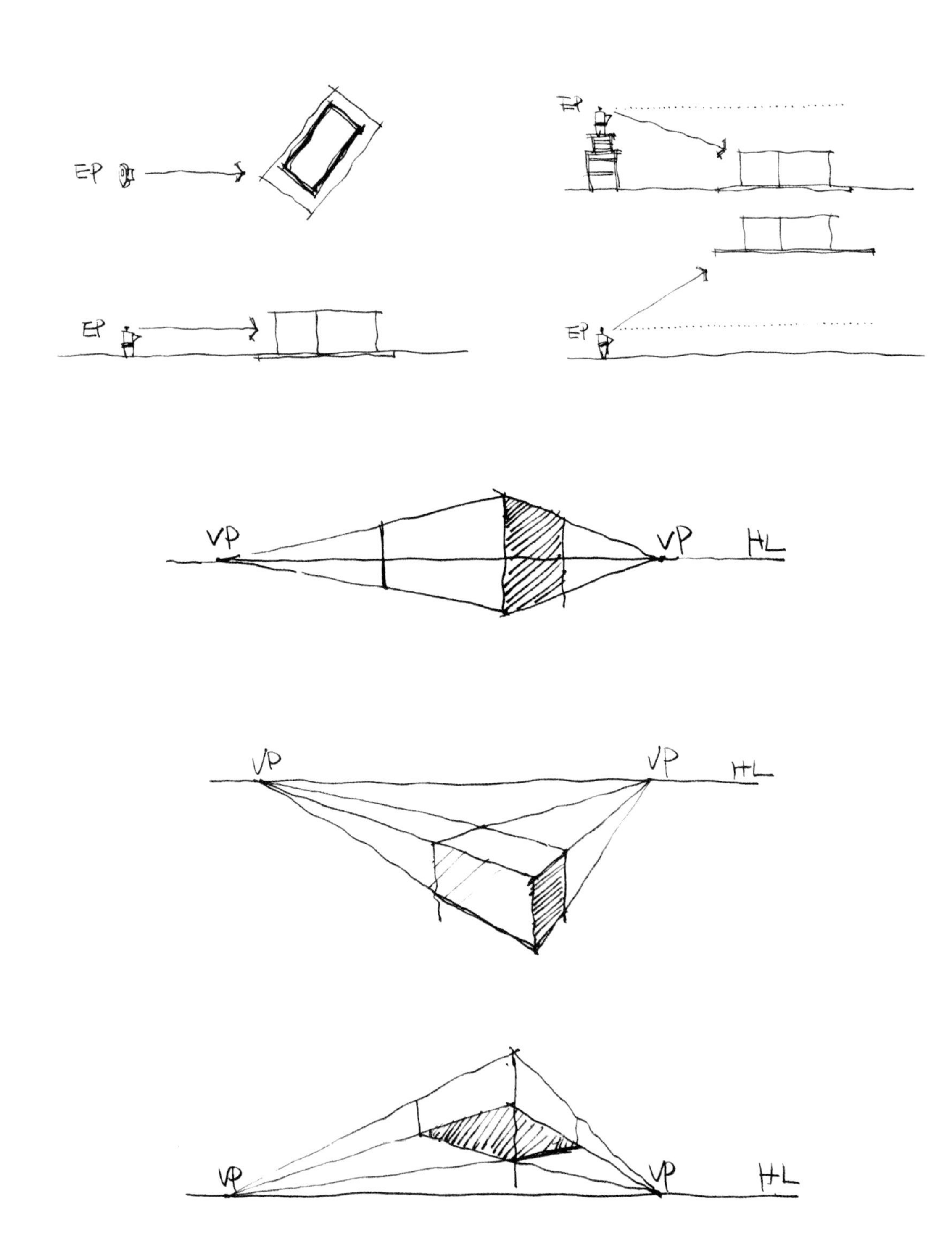

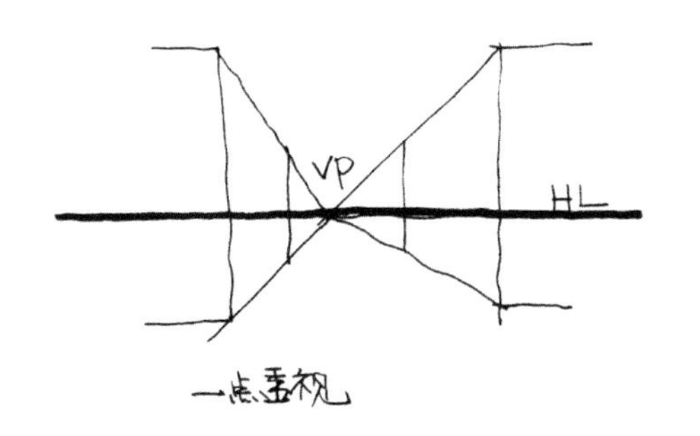

一点透视

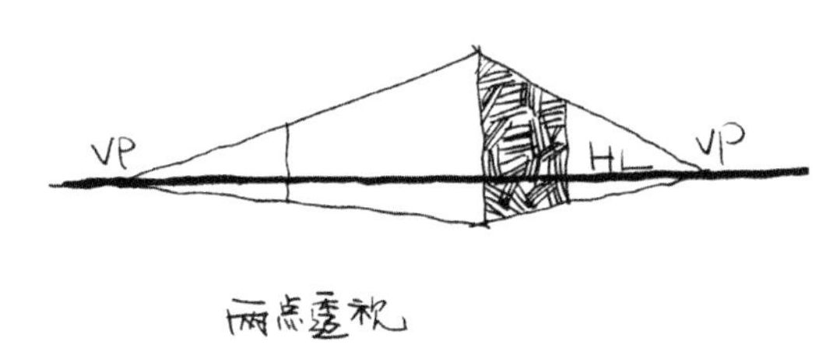

两点透视

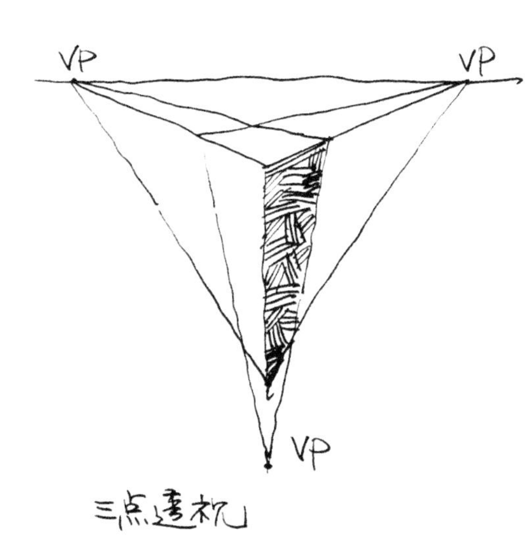

三点透视

EP: 观察点
V.P: 消失点
HL: 地平线

3.4 倾斜透视

倾斜透视（三点透视）的消失点可以是一个，也可以是两个或三个，这取决于观测者的位置和物体与视平面的关系。当视点通过画面观察物体远近成倾斜角度的边线，就是要产生倾斜透视变化。

3.5 比例关系

比例是事物的相对关系。我们不可能总是把事物的原有尺寸描绘在我们的作品中，在我们作品中出现的是物体原有比例的放大或者缩小，只有比例是不变的。

无论是物体的角度还是比例关系，都必须是在一个平面上进行观察，角度是通过与垂直和水平线进行对比而观察到的。我们需要带着问题开始我们的绘画。物体的边线那条更长一些？较长的边线与较短边线的比例是多少等等。根据我们感觉到的物体边缘的角度和比例关系，在纸上画出物体的边缘轮廓并修改调整到最合适。

我们通过观察描绘出事物的透视比例关系。我们必须把获得的感觉应用到对客观世界的观察中来，才算完成我们对“透视关系”和“比例关系”的学习。熟练地观察比例关系和透视关系的能力也可以使边线、空间、相互关系、光与影等按照视觉的逻辑组合起来。对相互关系的清楚感知让我们把看到的世界描绘到一个平坦的平面上。学习按照透视和比例关系进行绘画写生，能够增强你的立体感。学会绘画的规律，然后再稍加练习，你就能自动地“看”事物，而且几乎意识不到自己在进行透视和测量比例。

另外我们在卡通或其他许多绘画艺术中，经常看到不符合实际的夸张的比例。可以知道改变和合理夸张比例，能够表现出特有的艺术魅力，以及表达出特殊的情感。这些都需要我们在艺术实践的过程中去不断发现和体会。

第4章　色彩知识

4.1 色彩的三要素

色相、明度和纯度是色彩的三要素，也是认识色彩必须知道的。

4.1.1 色相

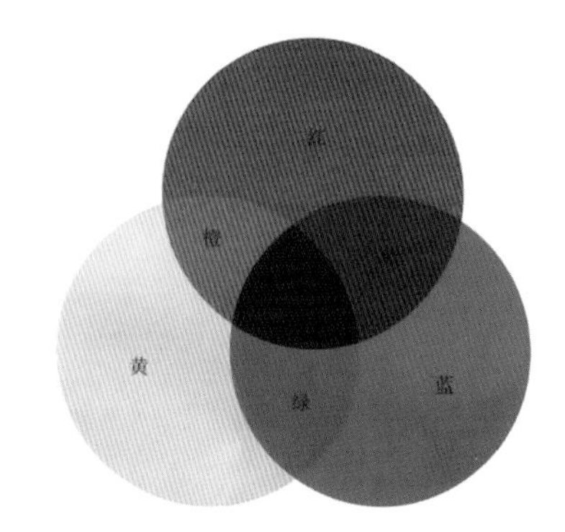

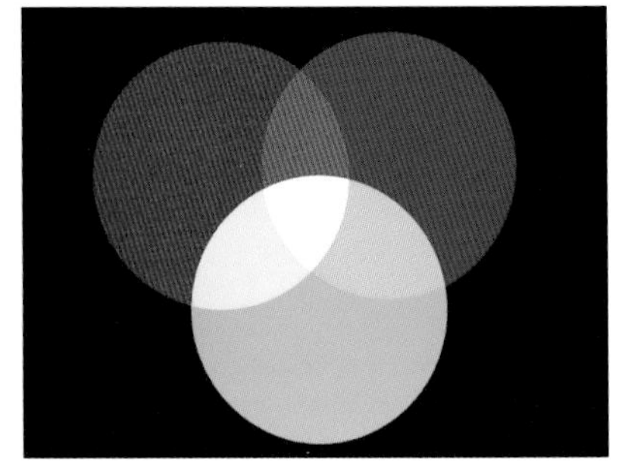

色彩的相貌，是色彩鉴别点的主要依据和色彩的最大特征之一。如红色、绿色、蓝色、黄色等。

色相，即各类色彩的相貌称谓，如大红、普蓝、柠檬黄等。色相是色彩的首要特征，是区别各种不同色彩的最准确的标准。事实上任何黑白灰以外的颜色都有色相的属性，而色相是由原色、间色和复色构成的。

从光学意义上讲，色相差别是由光波波长的长短产生的。即便是同一类颜色，也能分为几种色相，如黄颜色可以分为中黄、土黄、柠檬黄等，灰颜色则可以分为红灰、蓝灰、紫灰等。光谱中有红、橙、黄、绿、蓝、紫6种基本色光，人的眼睛可以 分辨出约180种不同色相的颜色。

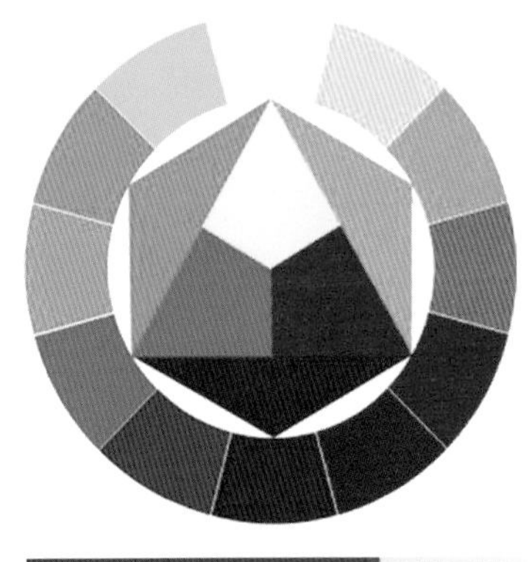

4.1.2 明度

明度指颜色的亮度，不同的颜色具有不同的明度，例如黄色就比蓝色的明度高，在一个画面中如何安排不同明度的色块可以表达不同的感情。例如天空比地面明度低，就会产生压抑的感觉。

任何色彩都存在明暗变化。其中黄色明度最高，紫色明度最低，绿、红、蓝、橙的明度相近，为中间明度。另外在同一色相的明度中还存在深浅的变化。例如绿色中由浅到深有粉绿、淡绿、翠绿等明度变化。

4.1.3 纯度

色彩的饱和程度、鲜灰差别。如蓝色和深灰色相比，前者鲜艳，后者灰暗，前者纯度高，后者纯度低。

饱和度(Saturation)是色彩的构成要素之一，亦是摄影者相当重视的项目，所谓的饱和度，指的其实是色彩的纯度，纯度越高，表现越鲜明，纯度较低，表现则较黯淡。

4.2 色彩分类

4.2.1 原色

原色 是指不能通过其他颜色的混合调配而得出的“基本色”。

以不同比例将原色混合，可以产生出其他的新颜色。以数学的向量空间来解释色彩系统，则原色在空间内可作为一组基底向量，并且能组合出一个“色彩空间”。肉眼所见的色彩空间通常由三种基本色组成，称为“三原色”。一般来说叠加型的三原色是红色、绿色、蓝色；而消减型的三原色是品红色、黄色、青色。在传统的颜料着色技术上，通常红、黄、蓝会被视为原色颜料。

4.2.2 间色

当我们把三原色中的红色与黄色等量调配就可以得出橙色，把红色与蓝色等量调配得出紫色，而黄色与蓝色等量调配则可以得出绿色。

红+黄=橙

黄+蓝=绿

蓝+红=紫

在专业上，由三原色等量调配而成的颜色，我们把它们叫做间色（secondary color）。当然三种原色调出来的就是近黑色了。

间色又叫“二次色”。它是由三原色调配出来的颜色，是由2种原色调配出来的。红与黄调配出橙色；黄与蓝调配出绿色；红与蓝调配出紫色，橙、绿、紫3种颜色又叫“三间色”。在调配时，由于原色在份量多少上有所不同，所以能产生丰富的间色变化。

4.2.3 复色

如果我们把原色与2种原色调配而成的间色再调配一次，我们就会得出复色。在一些教科书中，复色也叫次色、三次色。复色是很多的，但多数较暗灰，而且调得不好会显得很脏。如“橙+绿=橙绿灰”。

4.3 色彩的生理和心理作用

红色：热烈、喜庆、热情、活跃、积极，使人联想到欢乐的节日。

黄色：高贵、温馨、明朗、明快，使人联想到帝王之气、富贵之气。

橙色：刺激、活泼、充满活力、激情，使人感觉魅力无穷、动感十足。

绿色：青春、成长、和平、生命、希望、舒适、休闲，可以使人减缓压力，感觉轻松恬静。

蓝色：宁静、高雅、悠远、遐想、理性，使人联想到天空、海洋，产生凉爽、清净之感。

紫色：高贵、浪漫、神秘、优雅，使人感觉雍容华贵、高雅脱俗。

粉红色：温柔、华美、迷离、温情，使人产生似水柔情般的情怀。

赭色：自然、古朴、休闲，使人感觉轻松、随意。

褐色：传统、古典、使人感觉严谨、庄重、沉稳。

白色：洁净、和平、生活化，使人感觉单纯、平淡。

灰色：中庸、含蓄、简约、随和，使人感觉内敛、成熟、稳重。

黑色：庄重、严肃、个性、沉着，使人感觉坚实、冷淡、刚健。

4.4 色彩感觉

色彩具有丰富的表情，同时不同的色彩会让人产生丰富的感觉和想像。运用适合的色彩表达不同的设计是我们学习的方向。

4.4.1 冷暖感

从冷暖感的角度把色彩分为冷色和暖色。

冷色包括：蓝色、蓝紫色、蓝绿色等，使人产生凉爽、清冷、深远、幽静的感觉。

暖色包括：红色、黄色、橙色、紫红色、黄绿色等，使人产生温暖、热情、积极、喜悦的感觉。

4.4.2 轻重感

从轻重感的角度把色彩分为轻色和重色。

色彩的轻重主要取决于明度，明度高，色彩感觉轻；明度低，色彩感觉重。其次取决于色相，暖色感觉轻，冷色感觉重。最后取决于纯度，纯度高感觉轻，纯度低感觉重。

4.4.3 体量感

从体量感的角度把色彩分为膨胀色和收缩色。

色彩的体量感，主要取决于明度，明度高，色彩膨胀；明度低，色彩收缩。其次取决于纯度，纯度高，色彩膨胀；纯度低，色彩收缩。最后取决于色相，暖色膨胀，冷色收缩。

4.4.4 距离感

从距离感的角度把色彩分为前进色和后退色。

色彩的距离感主要取决于纯度，纯度高，色彩前进；纯度低，色彩后退。其次取决于明度，明度高，色彩前进；明度低，色彩后退。最后取决于色相，暖色前进，冷色后退。

4.4.5 软硬性

从软硬感的角度把色彩分为软色和硬色。

色彩的软硬感主要取决于明度，明度高，色彩感觉柔软；明度低，色彩感觉坚硬。其次取决于色相，暖色感觉柔软，冷色感觉坚硬。最后取决于纯度，纯度高，色彩感觉柔软；纯度低，色彩感觉坚硬。

4.4.6 动静感

从动静感的角度把色彩分为动感色和宁静色。

色彩的动静感主要取决于纯度，纯度高，动感强；纯度低，宁静感强。其次取决于色相，暖色动感强，冷色宁静感强。最后取决于明度，明度高，动感强；明度低，宁静感强。

4.5 色彩的组合效果

几种色彩的组合足以创造出不同的情调和感觉，在空间或是平面的表现中这种感觉要明显和夸张，以创造你自己想要表达的意境。

几种色彩的组合效果为：

黄色+茶色:：怀旧情调

蓝色+紫色：梦幻组合

蓝色+绿色：清新悠闲

粉红色+白色+橙色：青春动感

蓝色+白色：地中海风情

青灰+粉白+褐色：古朴

红色+黄色+褐色+黑色：中国民族色

木本色+绿色：自然、环保

米黄色+白色：柔情、温馨

玫瑰红+紫色：浪漫、迷情

下边这些颜色代表了本书图片常使用的色彩，除此之外还有很多颜色，这里不一一例举。颜色的选取是个人爱好的事情。

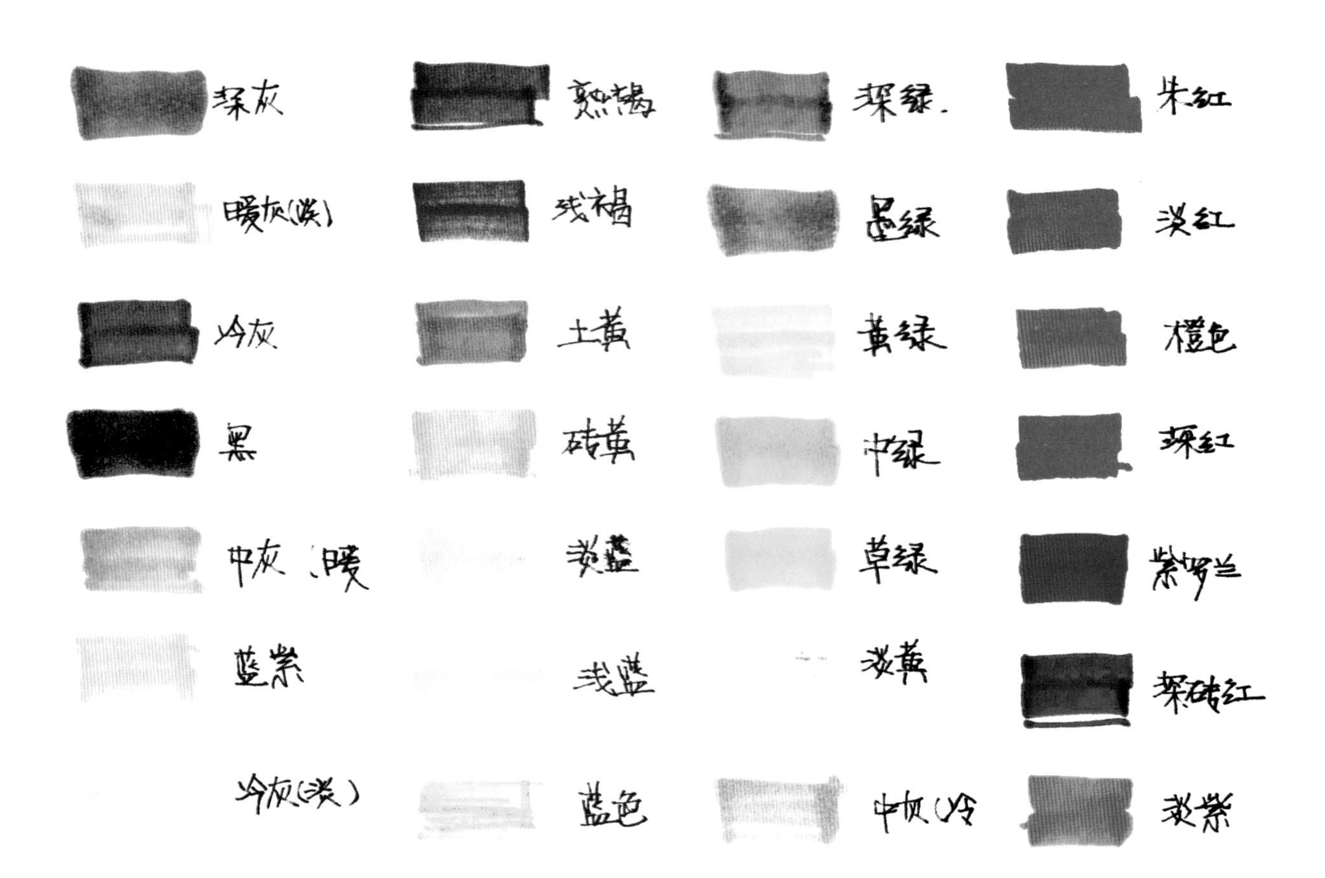

第5章 学习方法

5.1 快速表现的基础练习步骤

首先你要给自己定一个计划，合理地安排每个时间段的学习内容。对于快速表现不需要太长时间，只要你每天坚持一个小时或两个小时。在第一阶段内，把半透明的硫酸纸压在透视线稿图的上面，进行严谨的拷贝练习（主要练习线条的曲滑流动性，寻求生动的线条魅力，同时要总结透视规律）。在第二阶段内，把硫酸纸置换成A4的复印纸，不要再压到线稿资料上面了，而是把图放到旁边进行抄图练习。（主要练习透视规律，清楚表现图中线稿的结构关系和前后遮挡关系）。第三个阶段，找一些电脑效果图片用硫酸纸进行拷贝（这主要锻炼把图片转换成线稿的能力，同时还能对图片的概括能力起到锻炼作用！）。第四阶段，对着电脑效果图或实景图片进行勾画练习（这个阶段主要锻炼从图片变成线稿的综合训练，此时，你离成功不远了！）。第五个阶段，进行设计和上色练习。

5.2 临摹与创作

在我们学习的过程中，经常应用且较为实用的方法不外乎就是临摹。在临摹过程中，不能盲目地为了临摹而临摹，而是要在这一过程中肯定与接纳有价值易掌握的技法部分，训练分析能力和动手能力，从中学习和掌握成型的规律性，提高表现技法。

仿制(模仿)是在临摹学习阶段上又前进了一步。把学到的或其他作品中有价值的可用的部分综合地运用在方案设计的表现过程中。虽然带有明显的被动接纳的成分，但最终通过这种选择，由消极转为积极，由“演习”转为“实战”。这种演进的过程，是学习设计表现技法的不可忽视的过渡环节。

创意表现是学习别人表现经验的最终阶段。它标志着在设计表现经验、理论、技巧、实践能力等方面进入了一个新的层次。创意表现阶段是设计者根据设计作品的文脉、内涵、形式、构成等因素，在表现过程中有效地通过一些计划好的成熟的想法和手法的应用，使设计作品本身更加突出、更加完美地表现出来，生动感人，耐人寻味。

学习的方法是一个由浅入深、由简单到复杂的递进过程，而反复训练这三个阶段性的内容，则能增强技法的提高。学习的目的是为了更好地应用这一技能，服务于设计。

在学习过程中，我们应记住以下几项原则。

(1) 从设计的界面、空间形态、设计观念、制图原则、构成媒介的认识上去研究表现问题及方法。

(2) 确定表现媒介的单一因素与表现方法。

(3) 内容、形式、风格、意境的完美统一是表现的艺术追求。

总之，这是怎样学会设计表现并努力掌握表现技能的一种模式，它是设计表现在实际设计工作中至关重要的一个内容，但快速表现练习的捷径不是唯一的。

马克笔的上色步骤:

首先用钢笔把骨线勾勒出来，勾骨线的时候要放得开，不要拘谨，允许出现错误，因为马克笔可以

帮你盖掉一些出现的错误。然后再用马克笔，也要求放得开，要敢画，否则画出来很小气，没有张力。

其次是颜色，先考虑画面整体色调，再考虑局部色彩对比，甚至整体笔触的运用和细部笔触的变化。做到心中有数再动手，详细刻画，注意物体的质感表现，光影表现。还有笔触的变化，不要平涂，由浅到深刻画，注意虚实变化，尽量不让色彩渗出物体轮廓线。

色彩最好是临摹实际的颜色，有的可以夸张，突出主题，使画面有冲击力、吸引人。先用冷灰色或暖灰色的马克笔将图中基本的明暗调子画出来，在运笔过程中，用笔的遍数不宜过多，而且要准确、快速。否则色彩会渗出而形成混浊状，失去了马克笔透明和干净的特点。用马克笔表现时，笔触大多以排线为主，所以有规律地组织线条的方向和疏密，有利于形成统一的画面风格。可运用排笔、点笔、跳笔、晕化、留白等方法，需要灵活使用。马克笔不具有较强的覆盖性，淡色无法覆盖深色。所以，在给效果图上色的过程中，应该先上浅色而后覆盖较深重的颜色。并且在要注意色彩之间的相互和谐，忌用过于鲜亮的颜色，应以中性色调为宜。单纯地运用马克笔，难免会留下不足。所以，应与彩色铅笔、水彩等工具结合使用。有时用酒精作再次调和，画面上会出现神奇的效果（笔触及叠加效果图片）。颜色不要重叠太多，必要的时候可以少量重叠，以达到丰富色彩。太艳丽的颜色不要用得太多，容易花。要注意会整理，把画面统一起来。马克笔没有的颜色可以用彩色铅笔补充，也可用彩色铅笔来缓和笔触的跳跃，不过还是提倡强调笔触。

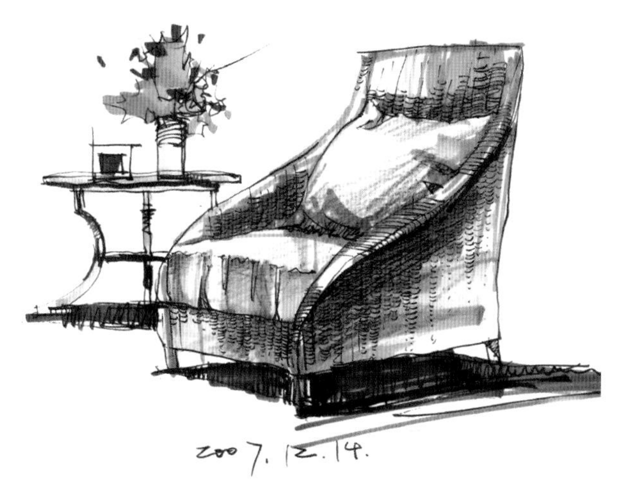

5.3 快速表现的要点

一切快速表现都应该具备以下原则，并在实践中尽可能努力使用。

5.3.1 结构

假如一幅表现图的基本形体一开始就不符合比例和透视，那么，你的努力也就毫无价值了。如果在这个阶段出了错误，而且没有改正过来，那这幅作品就是一幅错误的表现图。这不仅劳而无获，而且浪费时间。然而，由于快速表现的特点是一挥而就的，某种错误也是难免的。

5.3.2 透视

严谨的透视运用是我们在快速手绘表现中最基本的保证。一幅透视关系错误的画面是很难有艺术感染力的。对于初学者来说，绘制快速手绘效果图时，常见的毛病是要么过于拘泥于透视，缩手缩脚；要么就是不重视透视，过于随意。对透视原理我们从学习绘画基础的时候就已经有所了解，因此，此处不再赘述。透视是表现图的基础，需要掌握并贯穿创作的始终。

5.3.3 色调、质感和明暗

物体的质感是指它本身的质地以及色彩感觉等给人的视觉、触觉造成的不同感觉，是人接触到物体的不同感觉的总汇，例如：物体的表面光滑或粗糙，物体的透光或不透光，反光的强烈或不强烈。这些都是由于材料的不同而造成的。

在设计快速表现时，表达质感是表现的目的之一，它可以说明设计所用的材料以及给人怎样的感觉和感受。好的表现图往往在材料质感上下功夫，质感表现也是表现图细节的点睛之处。物体材质质感的表现应科学地遵照实际效果来表达。通常表现图中无外乎木质、石材、玻璃、不锈钢等。只要掌握这些常用的材料的外观和色彩属性，加以熟练的笔触描绘即可。

大家可能会对材质的表现感到很头痛，因为我们都会认为在绘制材质的时候需要一笔一画的绘制才能充分表现材质的细节，其实这混淆了摄影和绘画的概念。抬头看一下你周围的景物，无论是近景还是远景，等你目不转睛的注视一个物体时，视野边界的景物变得十分模糊。人们观察物体是凭印象的，在你做设计时，也可以采用印象主义，使用略图的方法比一笔一画可以省去很多时间和精力。

5.3.4 构图布局

构图是任何绘画开始都不可缺少的最初表现阶段，设计表现图当然也不例外，所谓的构图就是把众多的造型要素在画面上有机结合起来，并按照设计所需要的主题，合理地安排在画面中适当的位置上，形成既对立又统一的画面，以达到视觉心理上的平衡。

在手绘表现图画面构图中，要讲究均衡、对比和统一。要保持画面良好的主从关系，重点要突出，画面中心明确，从整体上把握好构图关系。视觉中心的确定是一幅表现作品的灵魂，是这幅作品视觉的重心部位，应加以细致地描绘，并加以强化，而次要部分则有意识弱化或简化，形成强弱和主从对比关系。

对于初学者来说，画面重点不突出，没有主次是常见的毛病。

第6章 要素快速表现

6.1 质感的表现

这是几种常见的材料质感的快速表现。

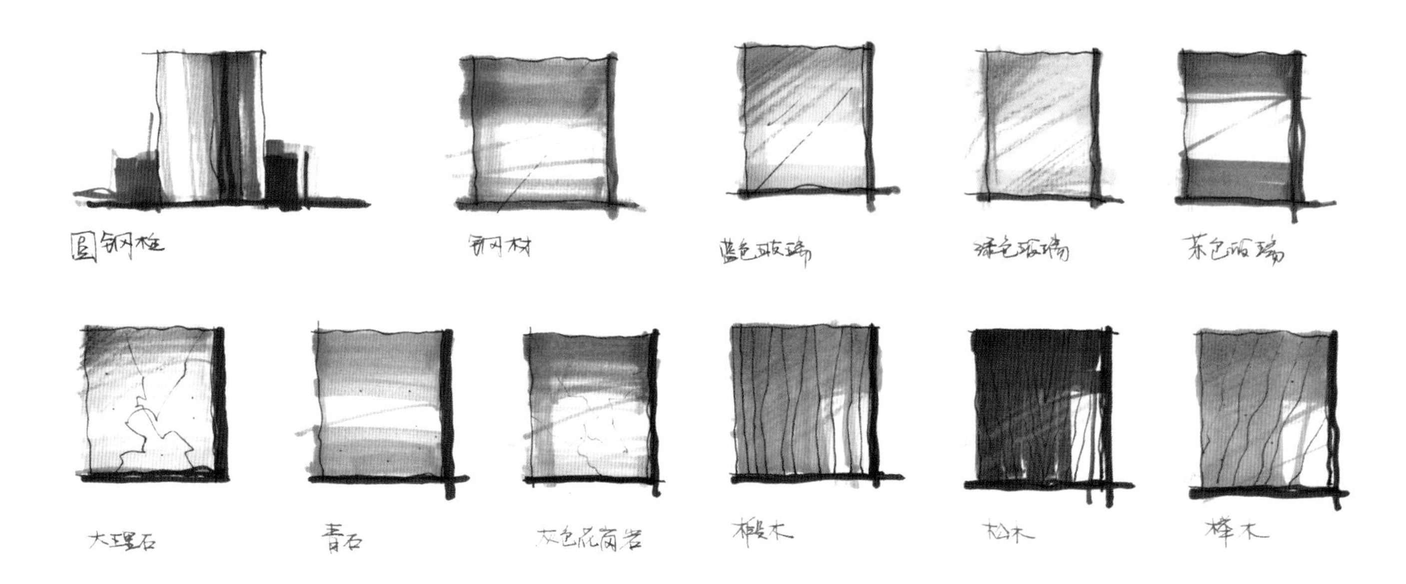

6.2 绿化植物

6.2.1 平面图例画法

建筑和景观平面图中经常需要绘制植物的平面图例，它不仅是代表性的符号，更是画面美感的主要创造者。因此我们要多注意搜集植物的平面结构特征及色彩倾向知识，先进行一些单个的练习，在绘制平面图时方可事半功倍。

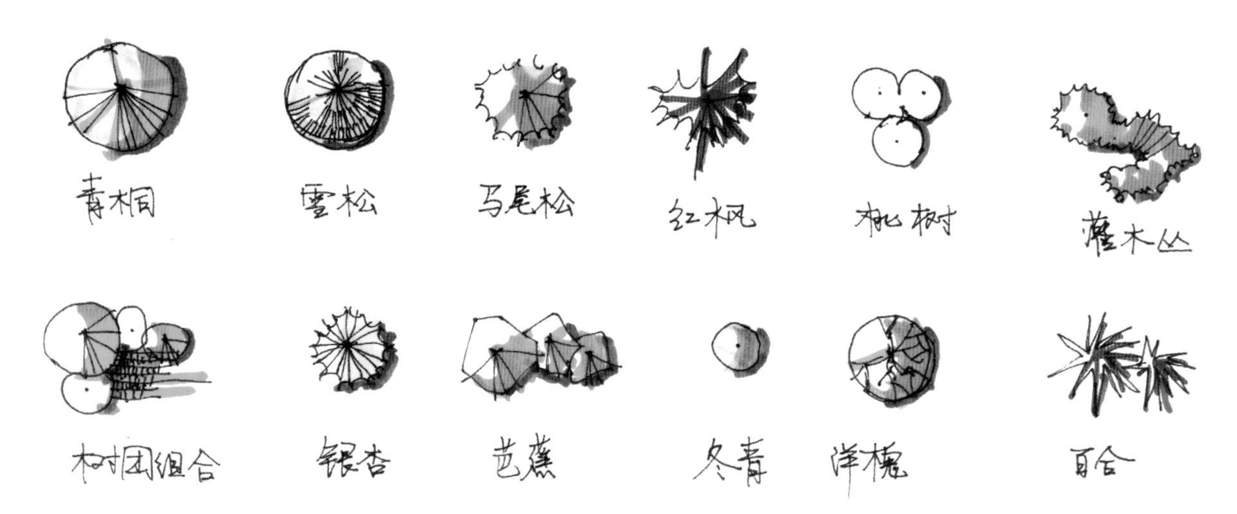

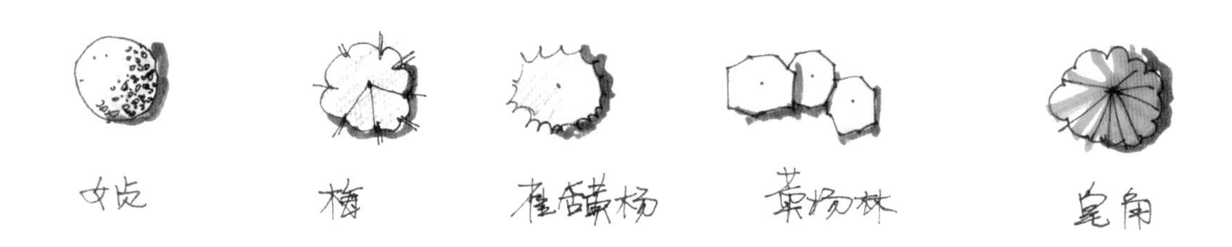

6.2.2 树的画法

快速表现图配景中树是最重要的部分，犹如建筑与环境绿化一样极为密切。不同树种的运用可以表现出建筑物的特定环境；不同风格的树可与建筑图相协调，而使画面更加完美。这里的建筑配景树有平面和立面两部分。

建筑总图中的道路、庭院、广场等室外空间，以及一些室内设计，都离不开树木、绿地。树木的配置也是建筑师设计中应考虑的主要问题之一。平面图中树的绘制多采用图案手法，如灌木丛一般多为自由变化的变形虫外形；乔木多采用圆形，圆形内的线可依树种特色绘制，如针叶树多采用从圆心向外辐射的线束；阔叶树多采用各种图案的组团；热带大叶树又多用大叶形的图案表示。但有时亦完全不顾及树种而纯以图案表示。

树的种类千千万万，形体千姿百态，立面的绘制方法亦多种多样，往往令初学者不知从何处入手，现将树分解成几个主要部分简述。

(1) 枝干结构：树的整体形状基本决定于树的枝干，理解了枝干结构即能画得正确。树的枝干大致可归纳为下面几类。枝干呈辐射状态，即枝干于主干顶部呈放射状出杈。枝干沿着主干垂直方向相对或交错出杈，出杈的方向有向上、平伸、下挂和倒垂几种，此种树的主干一般较为高大。枝干与主干由下往

上逐渐分杈，越向上出杈越多，细枝越密，且树叶繁茂，此类树型一般比较优美。

(2) 树冠造型：每种树都有其自己独特造型，绘制时须抓住其主要形体，不为自然的复杂造型弄得无从入手。依树冠的几何形体特征可归纳为球形、扁球形、长球形、半圆球形、圆锥形、圆柱形、伞形和其他组合形等。

(3) 树的远近：树丛是空间立体配景，应表现其体积和层次，建筑图要很好地表现出画面的空间感，一般均分别绘出远、中、近景三种树。远景树：通常位于建筑物背后，起衬托作用，树的深浅以能衬托建筑物为准。建筑物深则背景宜浅，反之则用深背景。远景树只需要绘出轮廓，树丛色调可上深下浅、上实下虚，以表示近地的雾霭所造成的深远空间感。中景树：往往和建筑物处于同一层面，也可位于建筑物前，画中景树要抓住树形轮廓，概括枝叶，表现出不同树种的特征。近景树：描绘要细致具体，如树干应画出树皮纹理，树叶亦能表现树种特色。树叶除用自由线条表现明暗外，亦可用点、圈、条带、组线、三角形及各种几何图形，以高度抽象简化的方法去描绘。

(4)表现技法：目前建筑钢笔配景绘画中，常见的有写实法与图案装饰法两大类。写实法：真实地表现出树种的特征、体积，能给人以强烈的真实感。图案装饰法：将大自然的树加以概括、简化、

夸张、变化，用抽象的方法表现，与现代简洁的建筑图极易协调，更能突出建筑的艺术效果。装饰画法如果画得好，是再现生活又高于生活的一种手段，也独具风格和特色：例如有的能明显地表现出树种特色，或枝叶茂密，或枯枝苍拙，可谓千姿百态，风格迥异。

(5) 灌木和草地：大面积草地多以色彩表示，可以用横向的宽笔拉出富有笔触感的草地，关键在于选择准确的色相。

6.3　人物

人物是表现图的生活气息的营造者，贴近建筑物的人物可显示出建筑物的尺度，同时可以增加空间感。人物的用色可鲜艳一些，以增加画面的生动感，但应简略概括，有时只要剪影效果就行了。

在进行场景的快速表现时，我们大可不必把人物配景画得像油画或素描一样的精细，只需要画出大概的轮廓即可。人物可以从呈长方形的躯干画起，把不同姿态的头、胳膊、腿放在躯干上，大体的人物就画成了。加上衣服、装饰物件后人物的特征就明显了。在上边提到的基础上给衣物、装饰物更多细节的描绘会使人物和场景更富有情趣。

符号性的人物画法

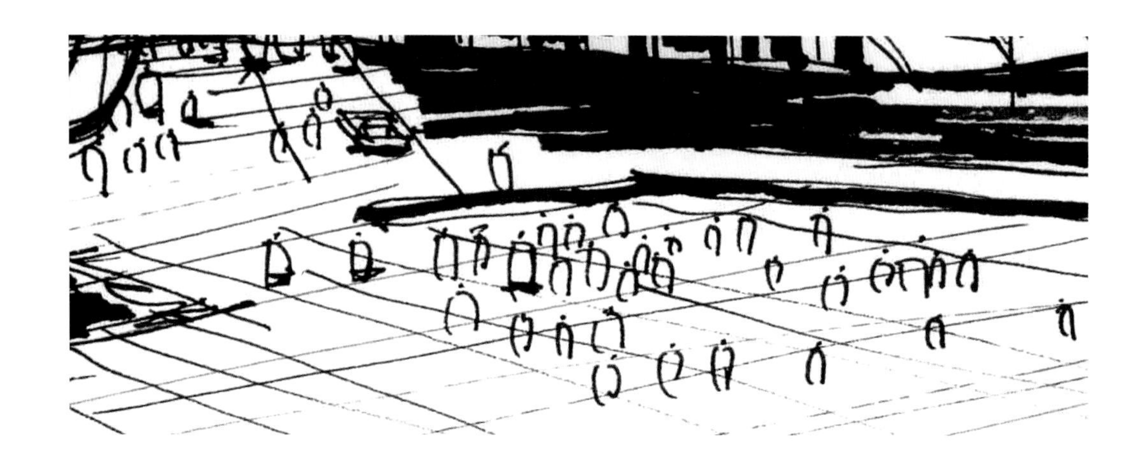

2007.10.16.

記忆中的女孩

荊晓亮

05.10.12

弹吉它的男子

荊晓亮

2007.10.9.

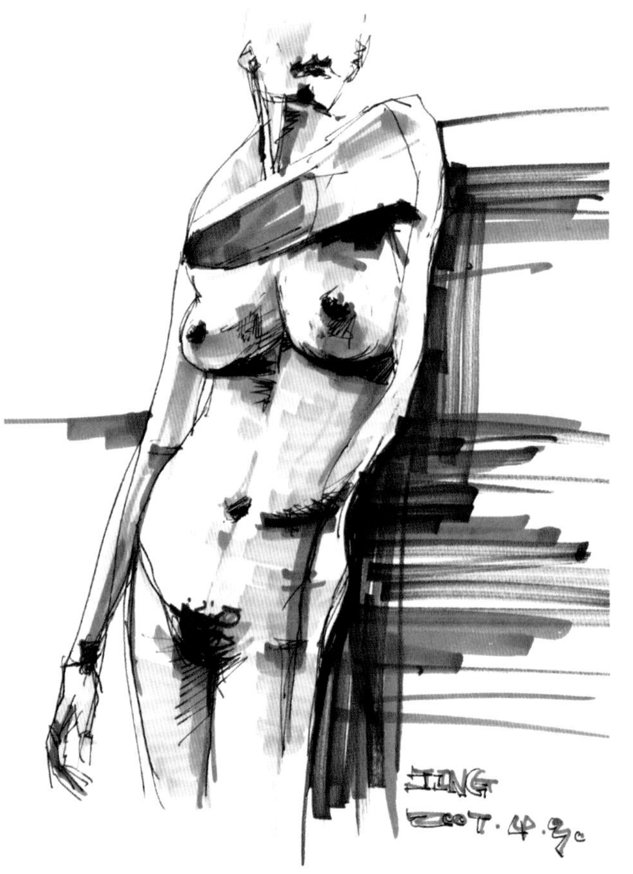

6.4 车辆

景观和建筑表现中经常会出现车的形象，以活跃场景的气氛，因此我们需要积累一些车的素材。摩托车、汽车、卡车等。作画的时候要把车看作是一个简单的几何体去把握，在准确的透视下削出车的大致外形即可。

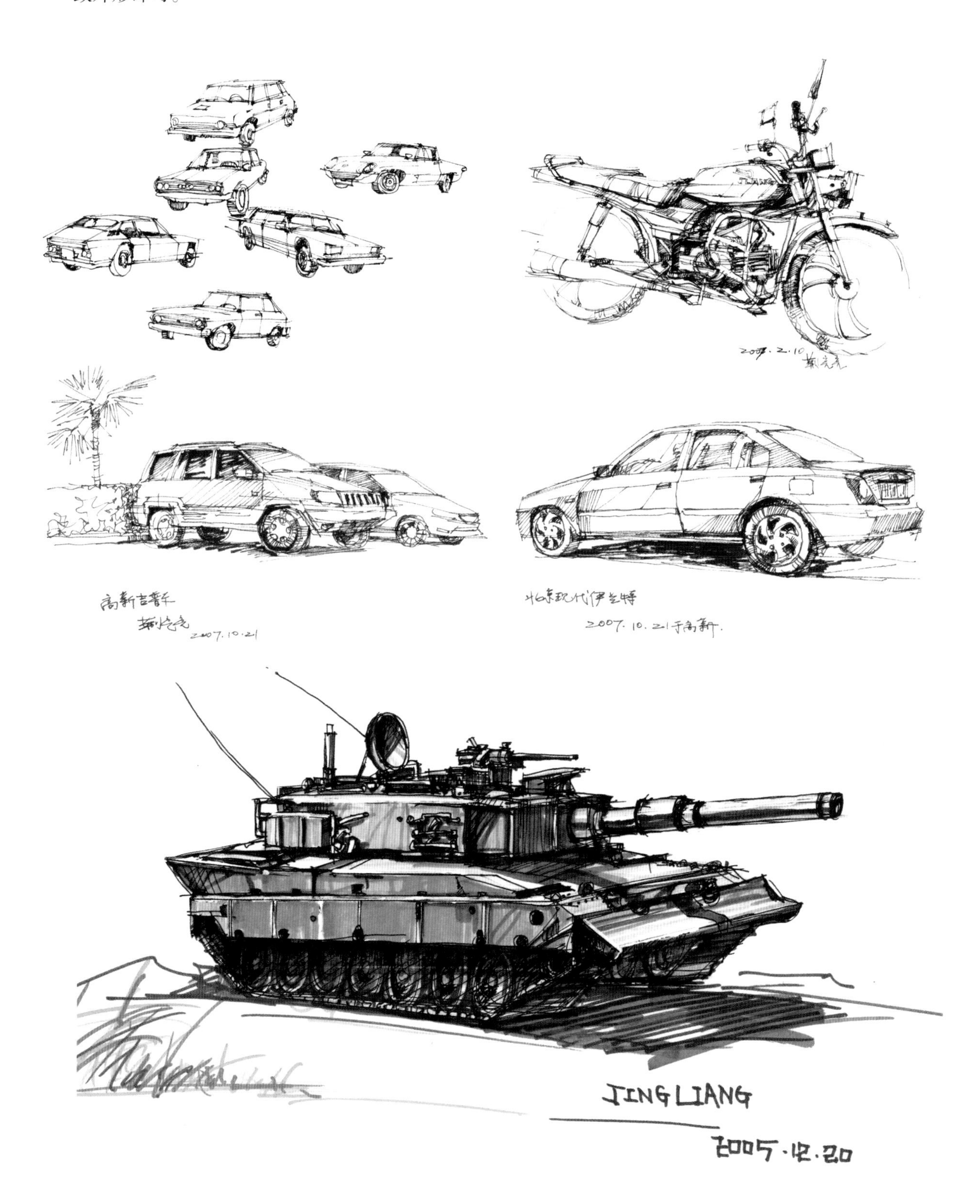

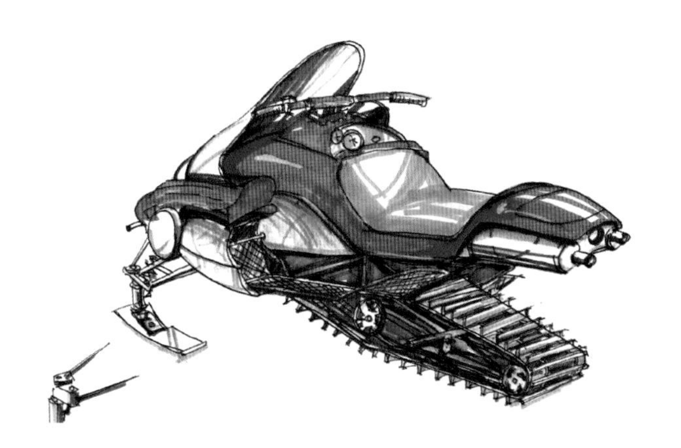

2007.3

JING L

YMH·
XV1700

2005.5.11

QQ汽车速写

2008.4.20于大雁塔

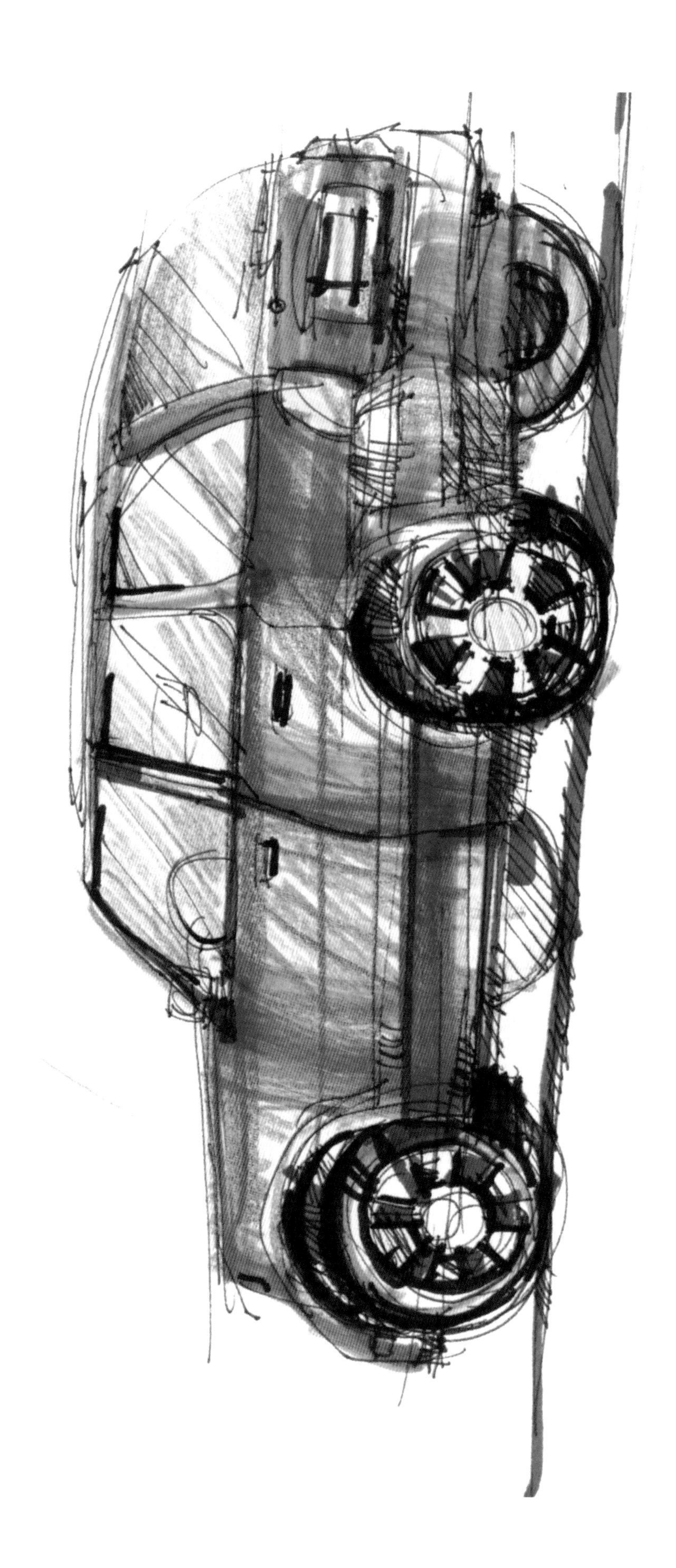
2007.7.1

6.5 天空的表现

天空在建筑和景观图的表现中是常用到的。在表现时要根据主体表现对象确定天空的具体形式和色彩。多数情况下我的画法是淡蓝色马克笔简单铺地，加彩色铅笔勾勒丰富的变化。

6.6 景石的表现

景石的轮廓明显，富于变化，无论是在景观、建筑或是室内表现图中都是很好的配景。景石的画法不一，大多数情况下多用马克笔的灰色去表现，确定色调的冷暖之后，用不同的灰组合成明暗变化丰富的景石及组合。

6.7 水的表现

设计表现图中的水的画法不同于素描和纯绘画，一般用简单的色彩铺垫出水的大致颜色即可。

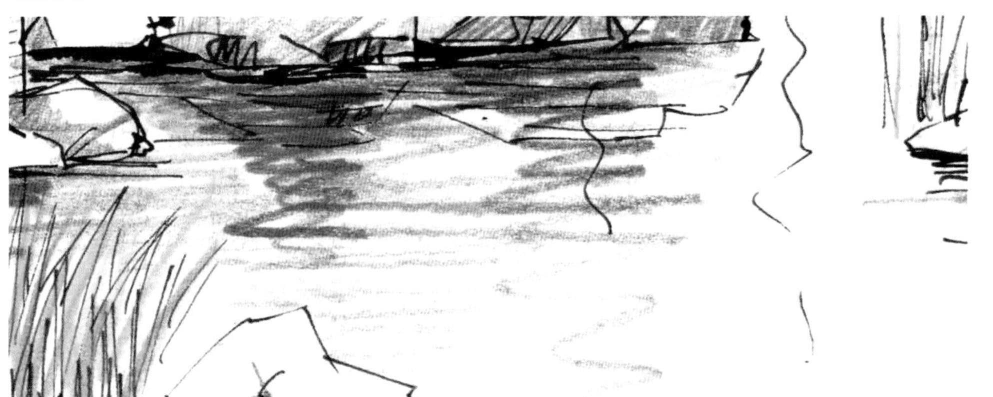

6.8 室内空间的表现

近年来室内设计行业蓬勃发展，室内设计成了热门专业。很多业内人士认为手绘是考察设计师水平的最直接方式，强调手绘其实是最能够展现室内空间感的表现形式。室内设计的手绘表现源于建筑设计的手绘，都是以美术绘画为基础，线条的勾勒造型，辅助以喷绘、彩色铅笔、马克笔等工具的表现衬托，最终完整地表现出一个完美的设计空间。

室内空间表现中透视至关重要，是决定一幅表现图成功与否的关键。在进行创作之前，我们需要熟悉透视技巧和构图的相关知识。应多练习空间透视和家具的画法。

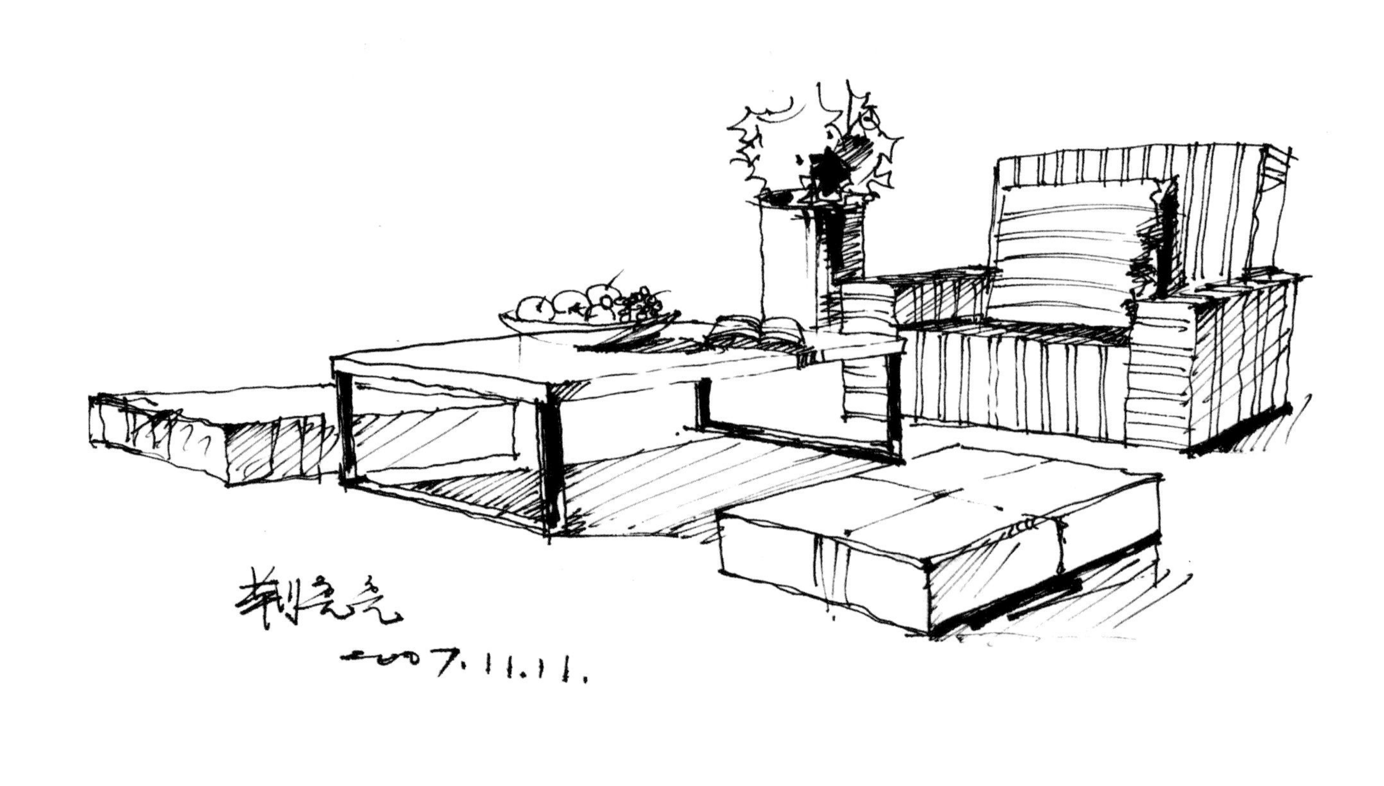
2007.11.11.

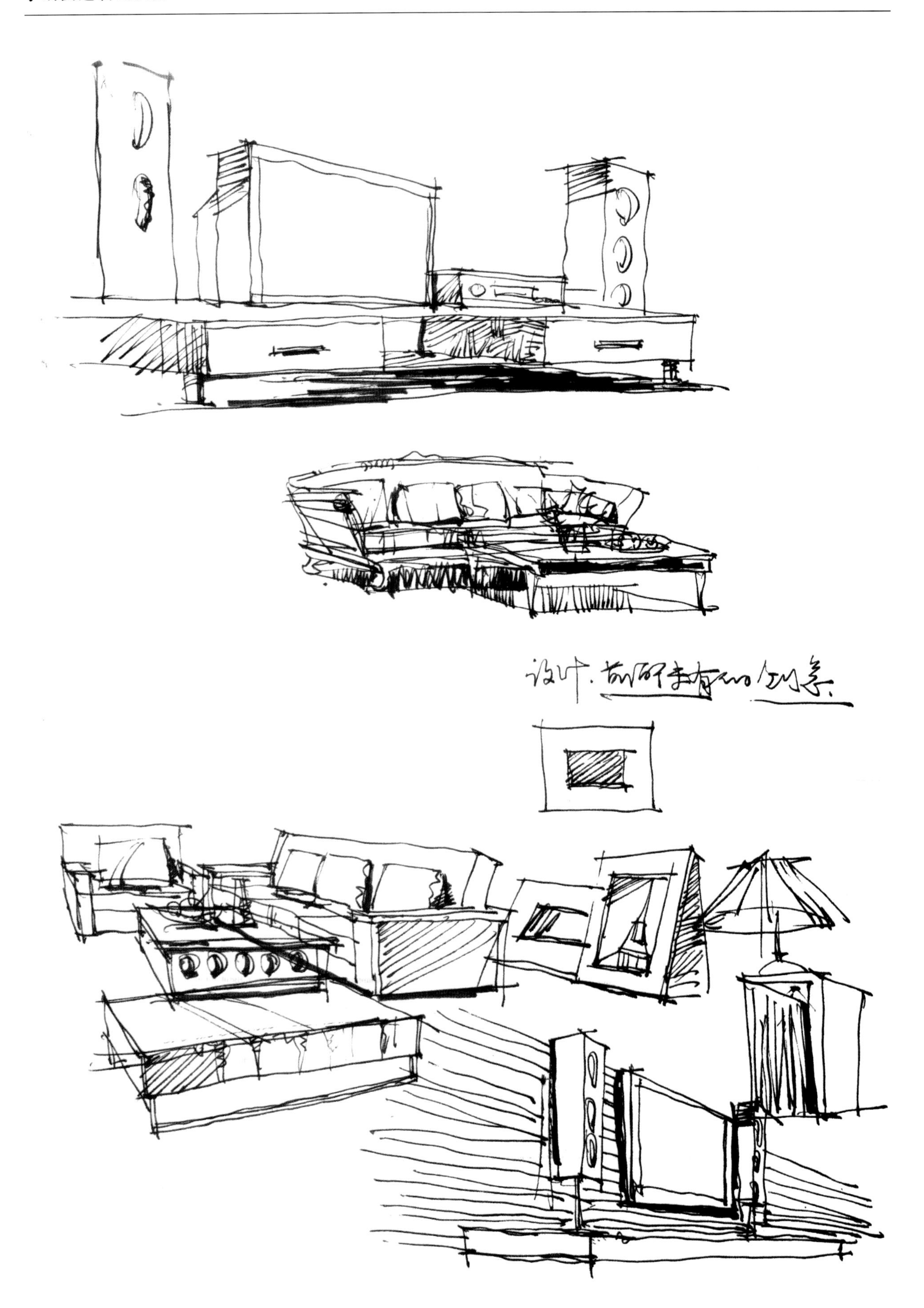

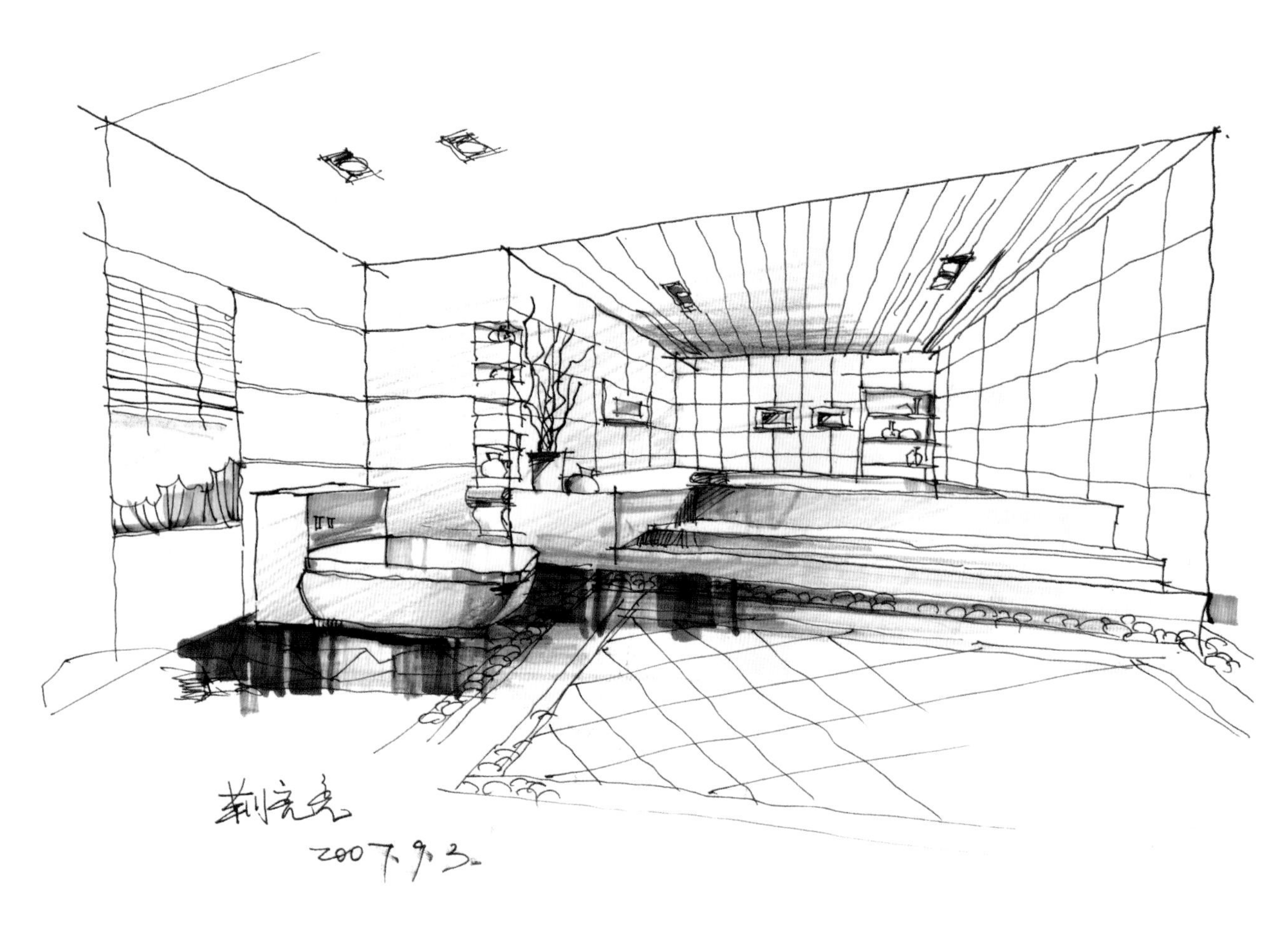
2007.9.3

客厅示意图.
2007.11.

2007.11.9.

2007.12.20

2007.7.6.
2007.11.10.

第7章　设计表现作品

2007.9.22.

06.1.5

阿姆斯特丹国际旅客港.
2008.6.24

清水混凝土

湖畔别墅
2007.10.10

曲江池遗址公园
曲江池遗址公园

2008.11.11

大连医科大学新区 体育馆
2008.5.13

建筑速写
2008.6.25.

浐灞国际会展中心
08.2.19

景石
"军民一家"青铜雕塑
不规则石板
军民一家
休闲草坪的弧形台阶.

2008·4·1
2008·4·1

石桥透视图
2007.11

Coffe

2006.11.16

2008.2.20 晚

2008.1.28

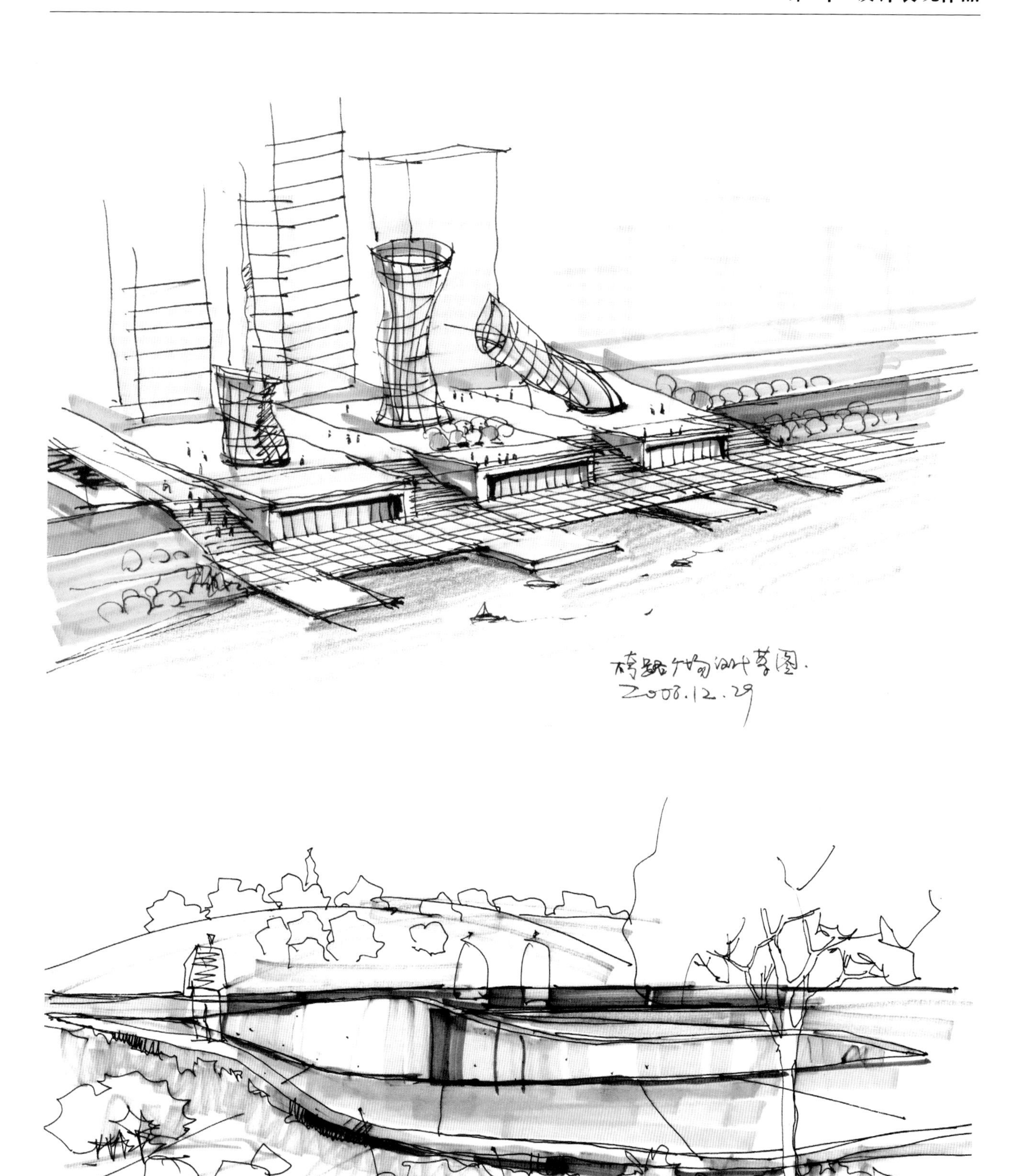
桥头广场设计草图.
2008.12.29
混凝土挡墙.
彩色沥青路面
挡土墙示意图.

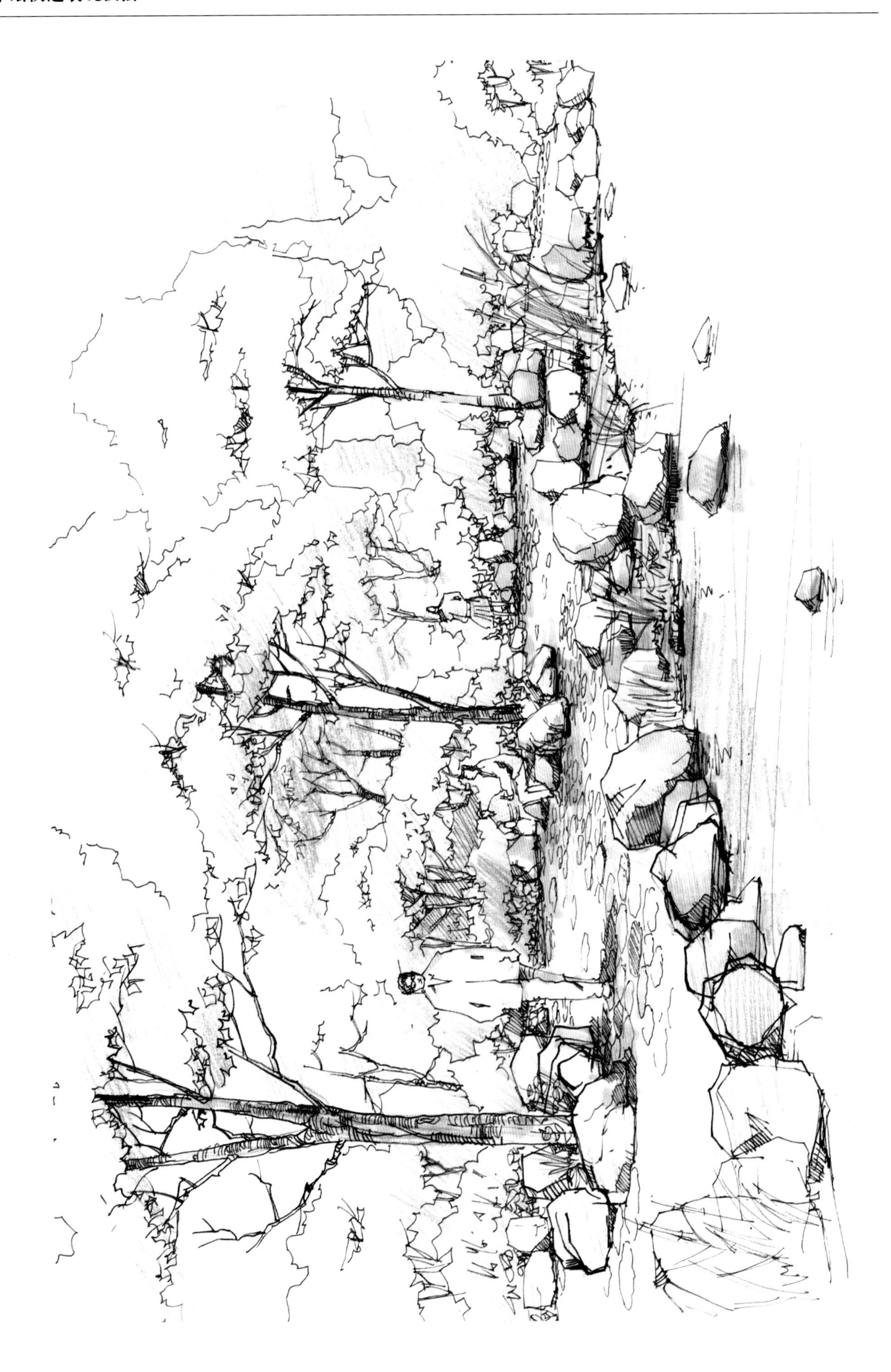

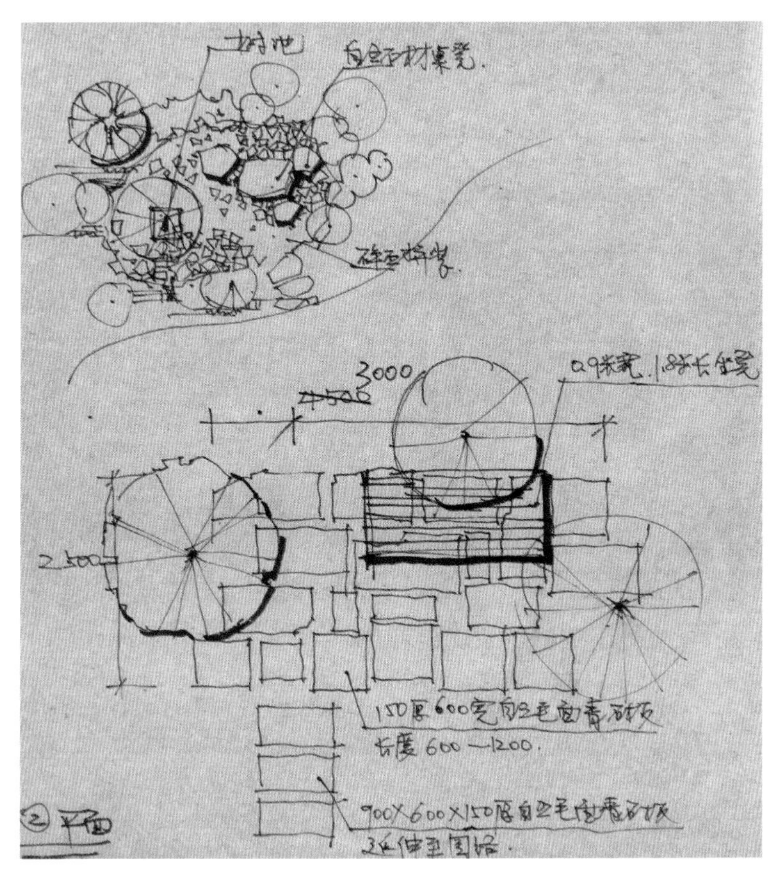
树池
自然石材桌凳
3000
0.9米宽.1.8米长坐凳
2500
150厚600宽自然毛面青石板
长度600—1200.
900×600×150厚自然毛面青石板
延伸至园路.
②平面

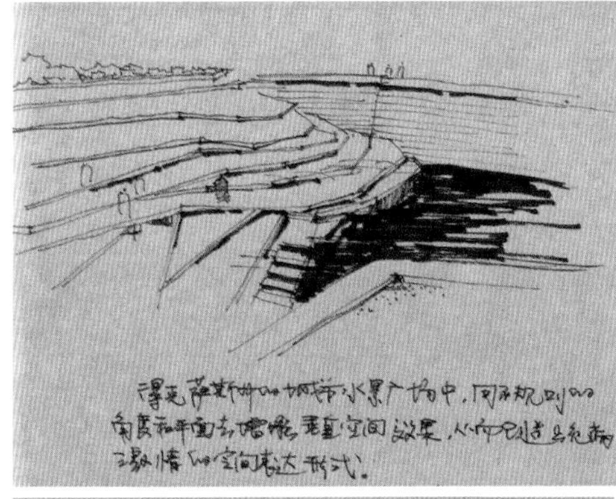

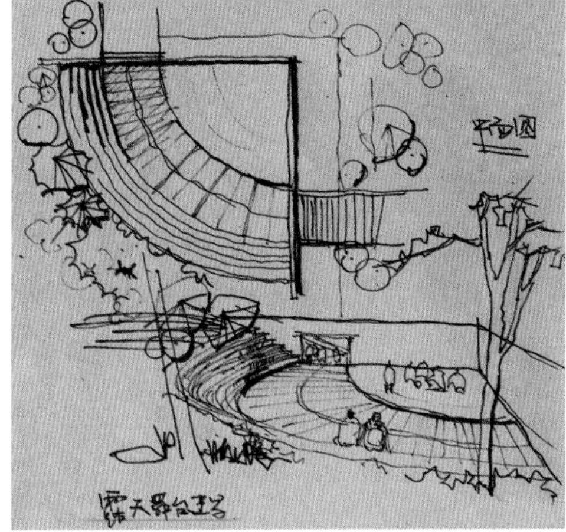

景石、灌木组合
2008、3、5
2008.1.22.

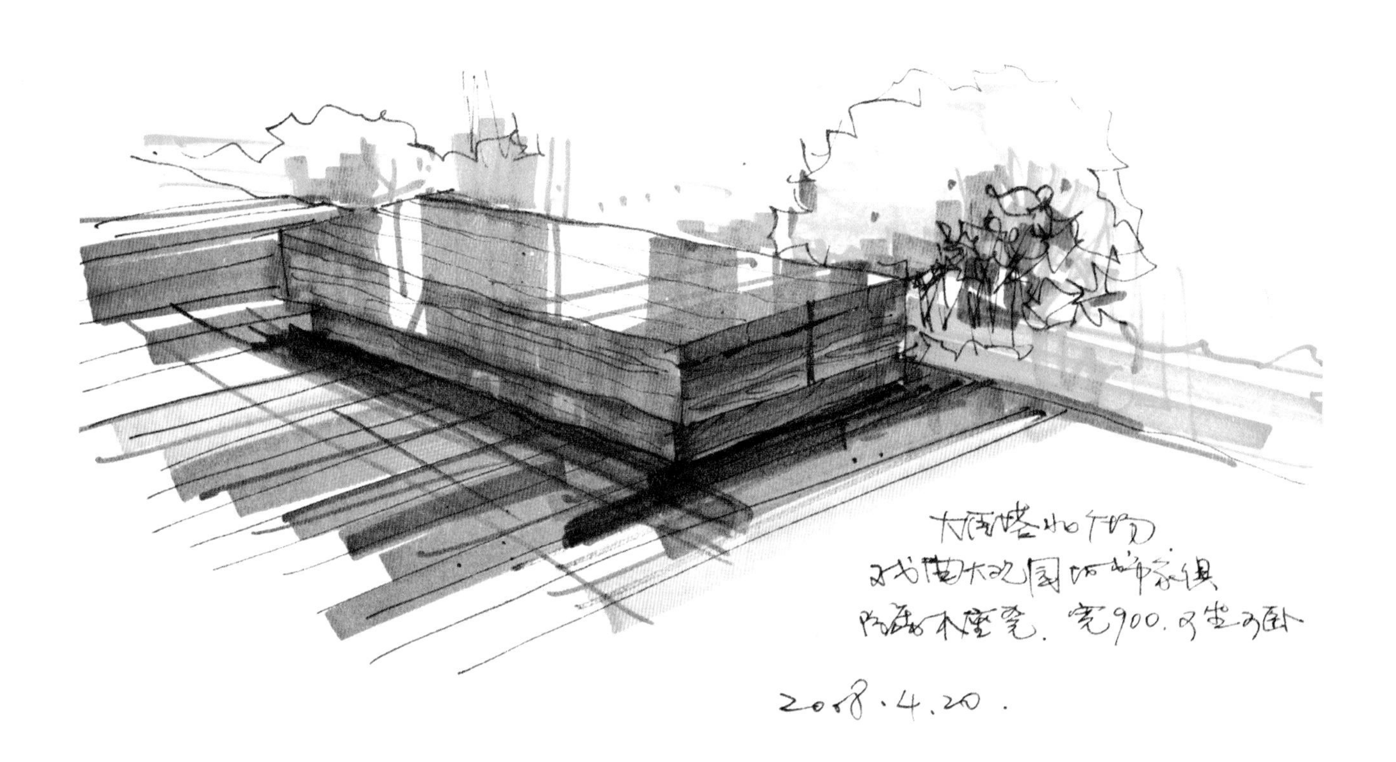
大雁塔北广场
防腐木座凳，宽900，可坐可卧
2008.4.20.

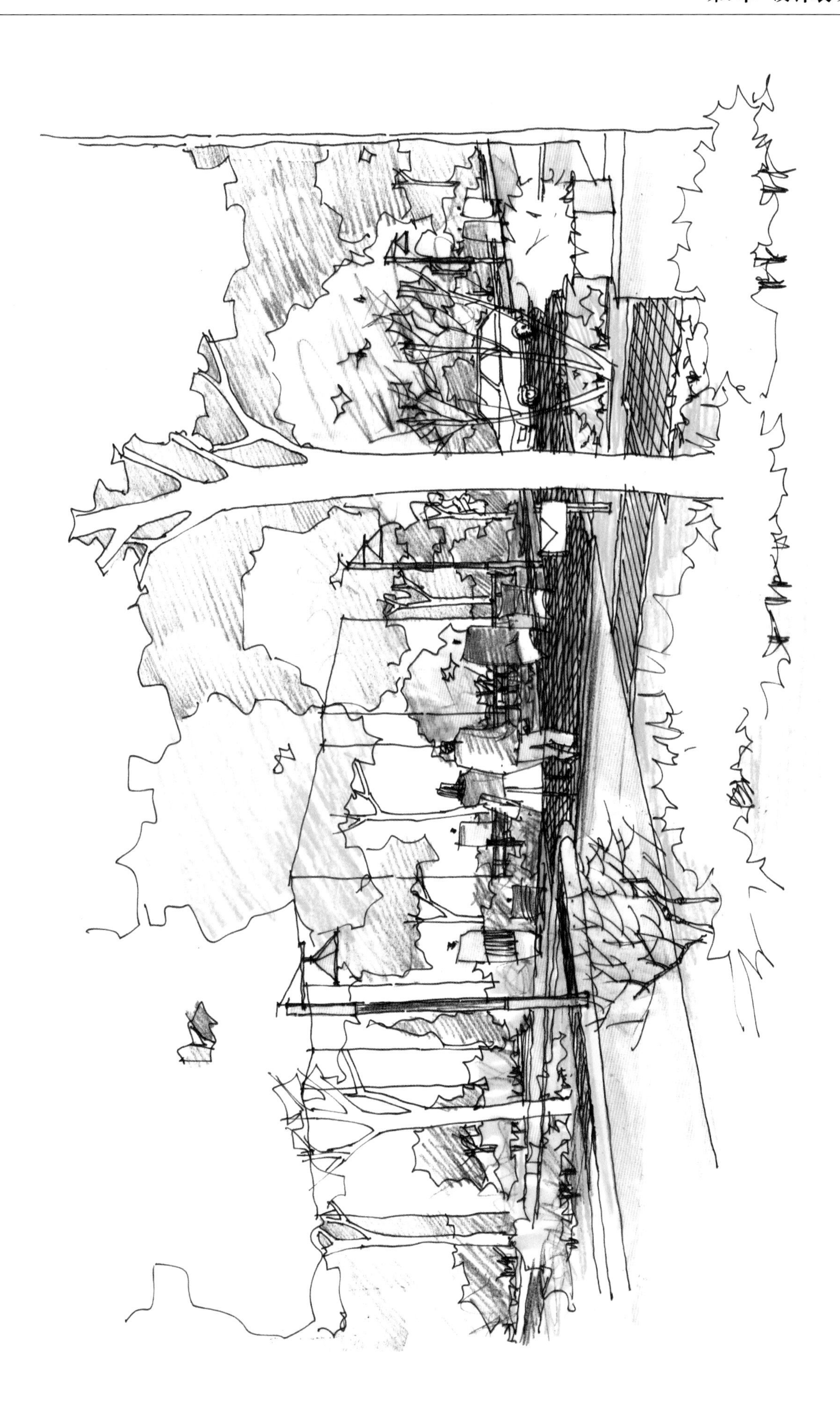

彩铅上色练习
2008.4.2
跌水示意图

园中型卵石摆成的水池在井边蓄水

（昆明世博园德国园）

石笼的墙.

08.12.8.

2006.11.26.

2007.10.28

2007.4.27

2007.3.17

青石铺装
不规则砂石铺装
"艰苦奋斗"青铜群雕
景墙
花池

主楼体
防腐木地台
鹅卵石
石头
片岩（深棕色）

某小区水景效果
2008.4.8
07.07.05

情侣林节点1透视
情侣林节点2透视

线条练习.
2007.12.18

线条练习.
2007.12.18

08.1.20.
·河岸·

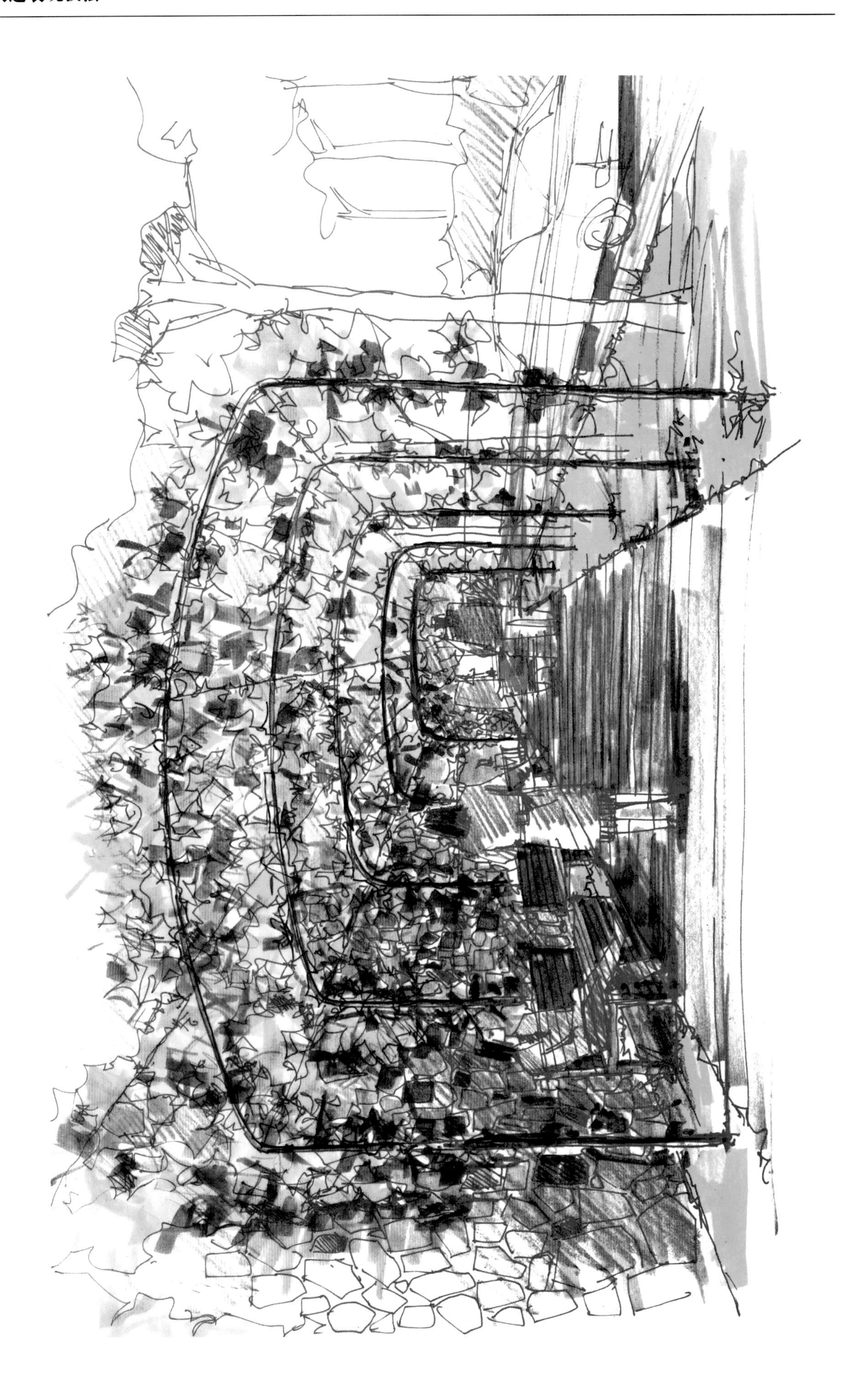

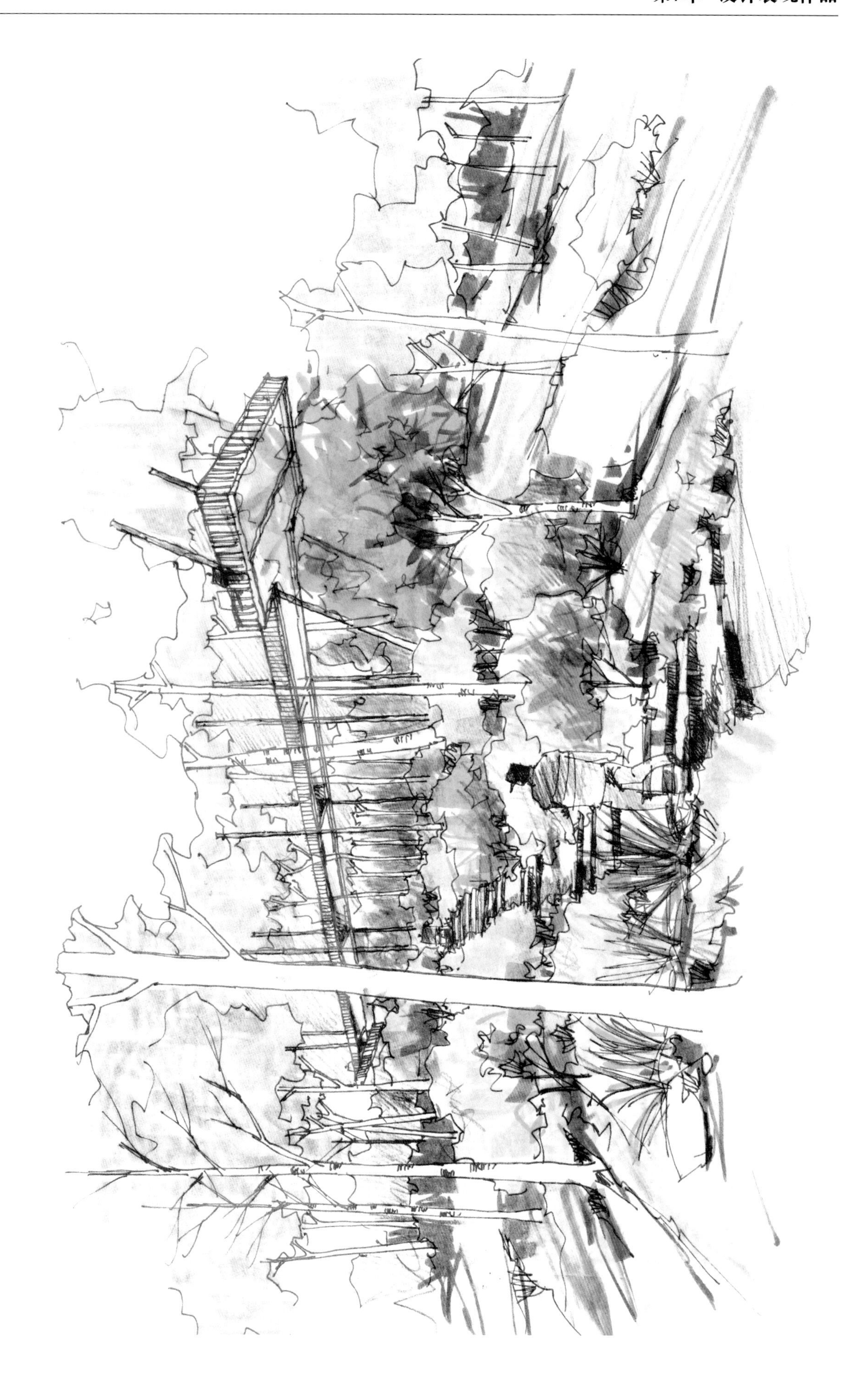

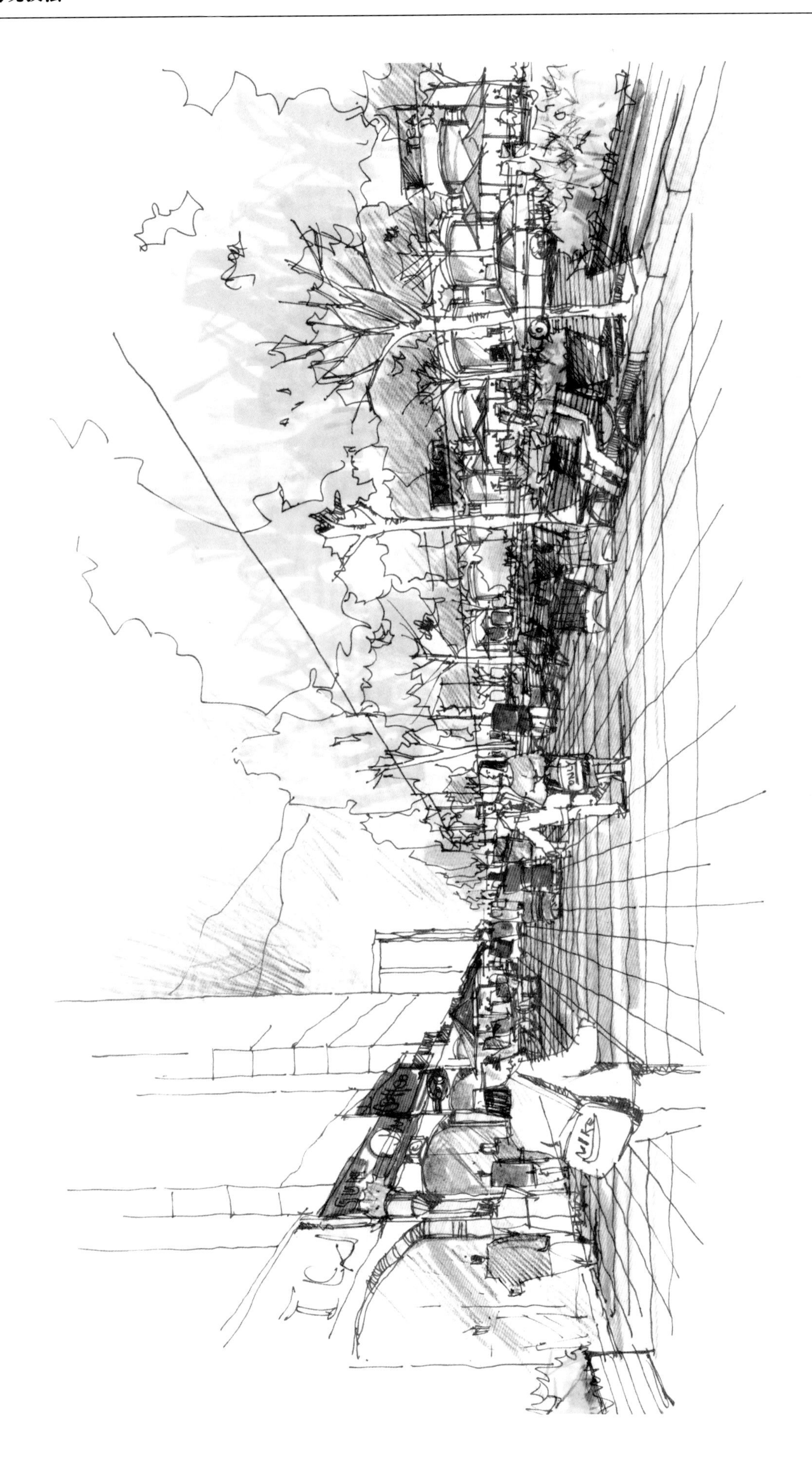

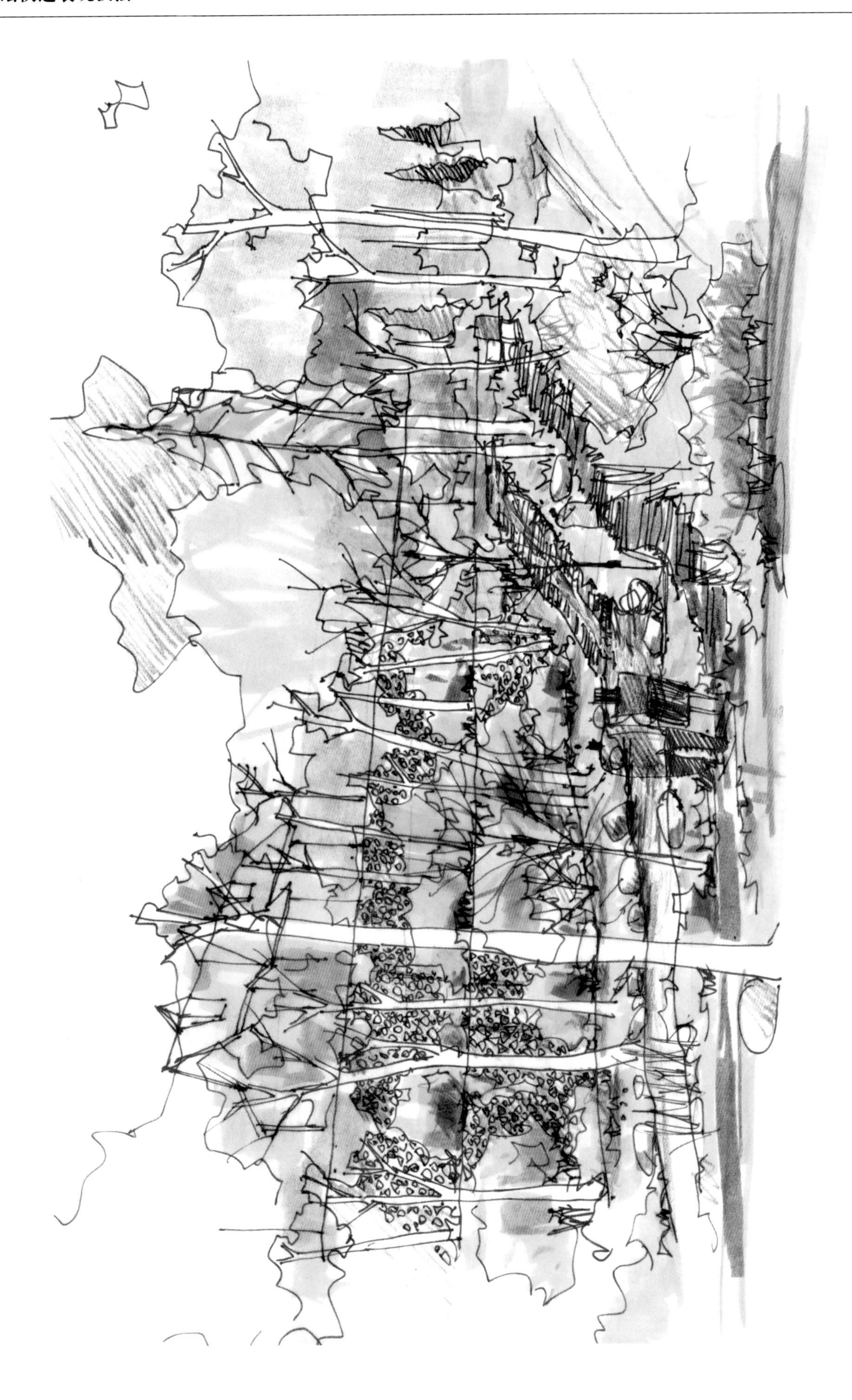

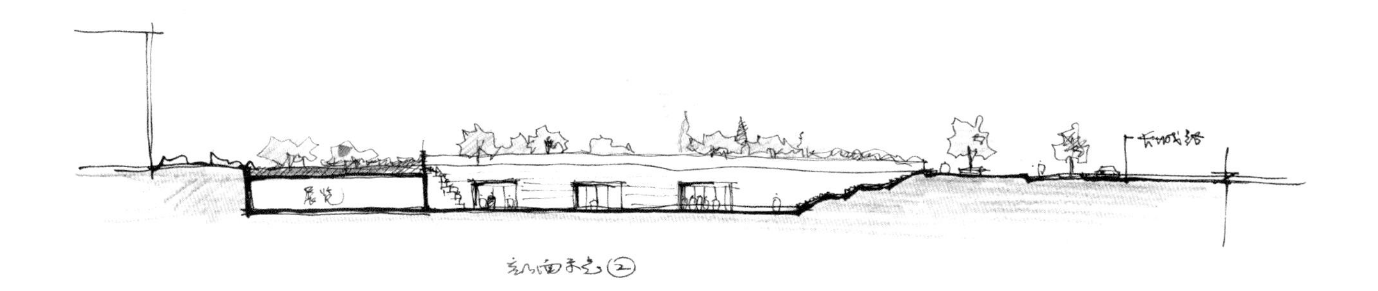
展览
剖面示意②

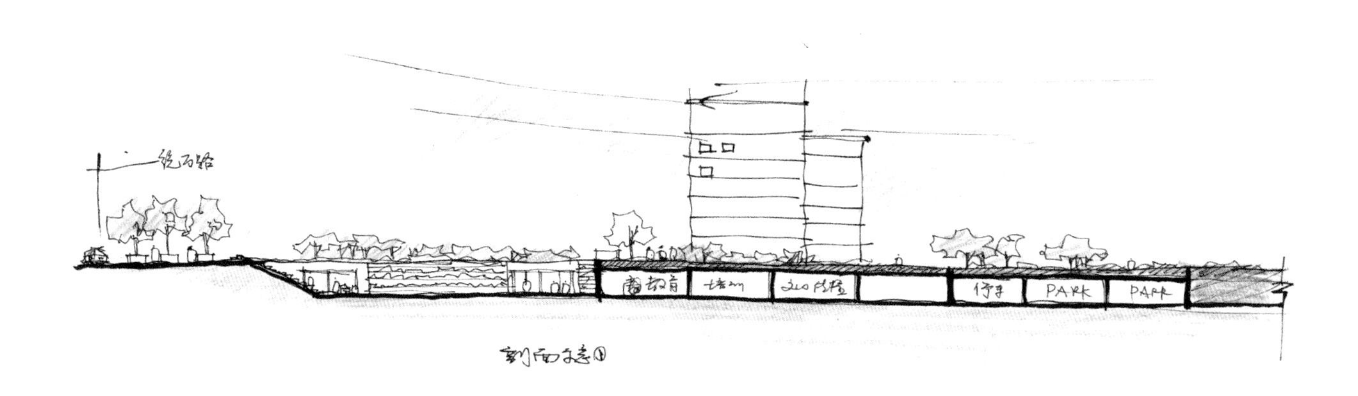
PARK
PARK
剖面示意①

下沉广场剖面示意

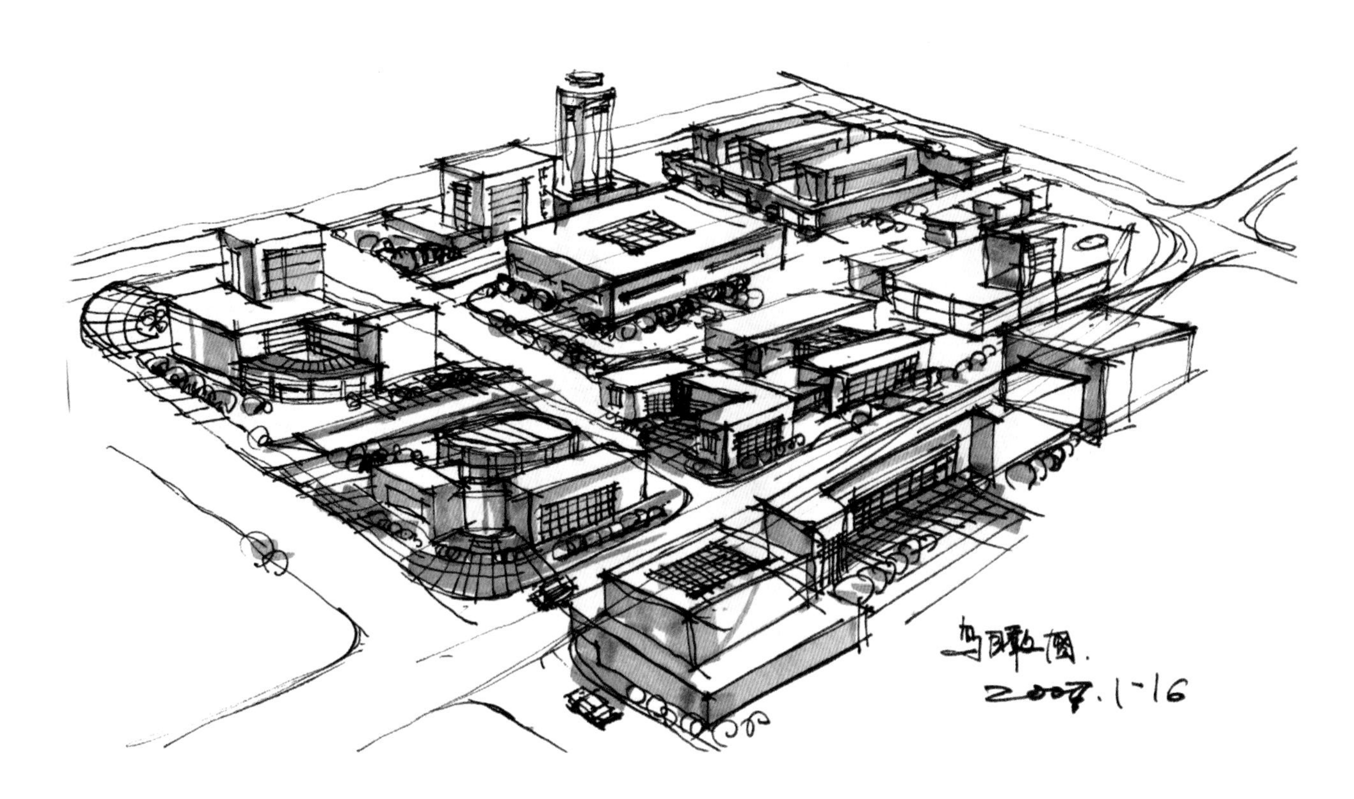

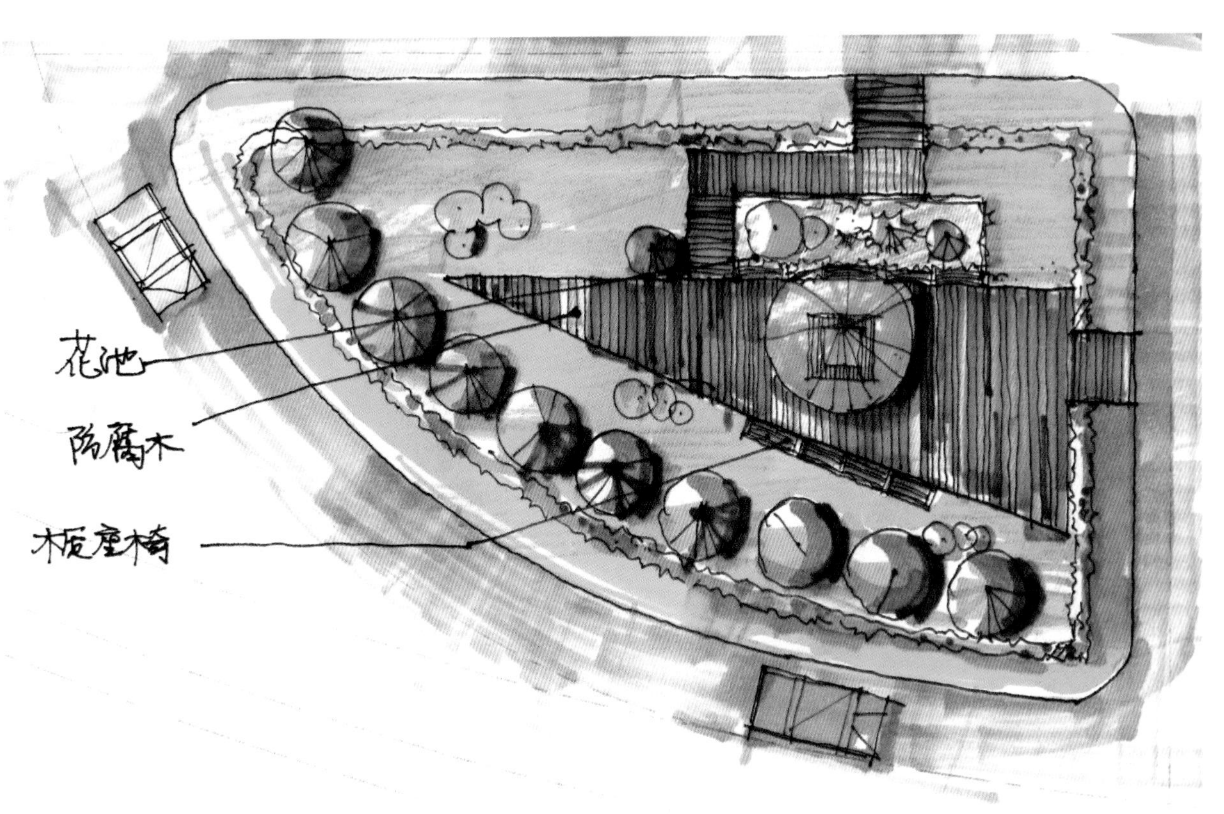

三角板细部平面.

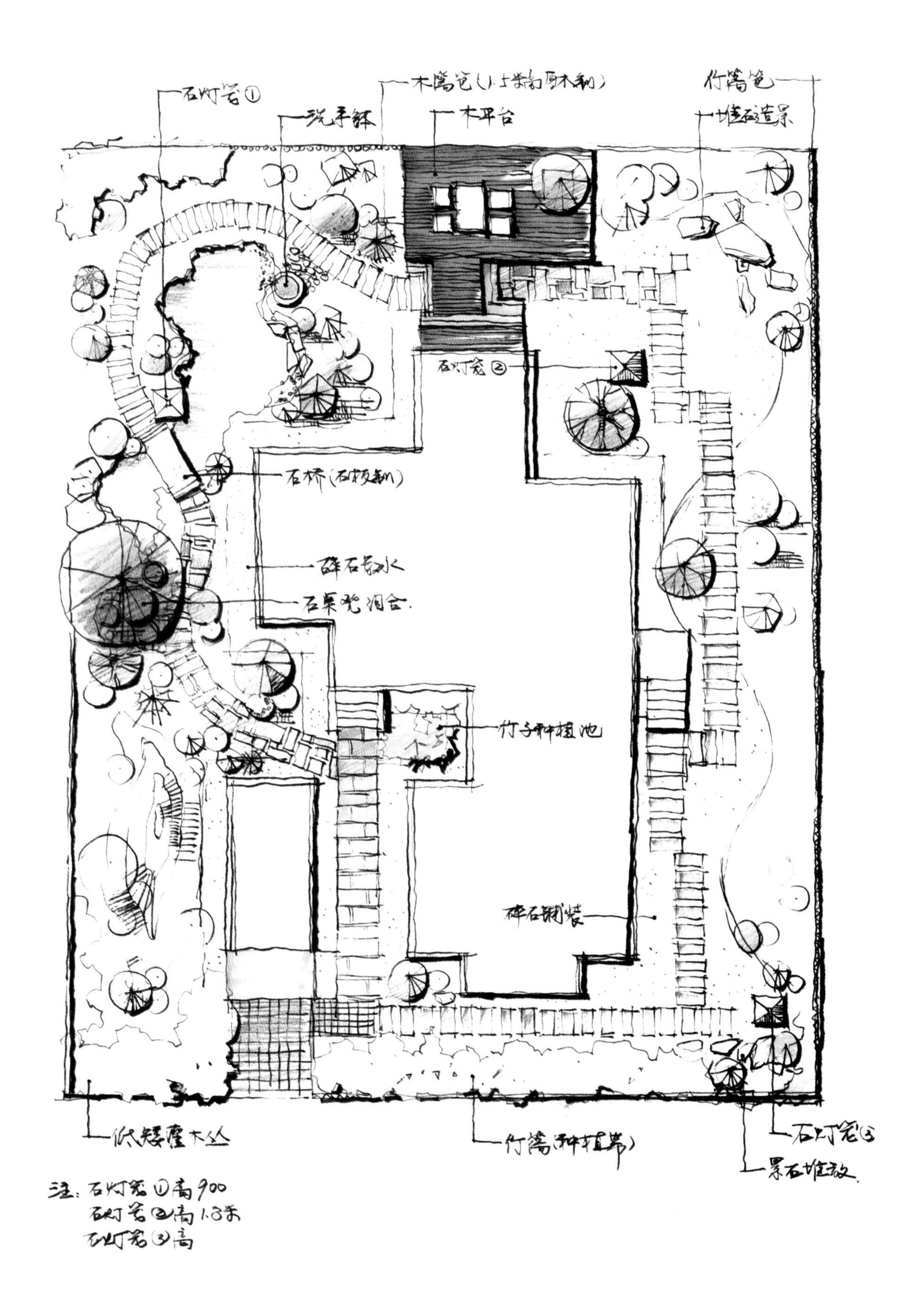
石灯笼①
木篱笆(1.5米高原木制)
竹篱笆
洗手钵
木平台
堆石造景
石灯笼②
石桥(石板制)
碎石散水
竹子种植池
碎石铺装
低矮灌木丛
竹篱(种植带)
石灯笼③
景石堆放
注：石灯笼①高900
石灯笼②高1.8米
石灯笼③高

第8章　写生作品

2008.2.3
2008.2.3
荆老头家的门楼

2007.7.24.

2008.7.23.

● 结构概念要清晰.
● 用笔要细心.
2007.6.24

2008、7.10.

JING LIANG LIANG
2008.11.27

欧亚论坛 国际会展中心草图.
2008·3.15

JingLiangLiang

临摹 2008.6.14.

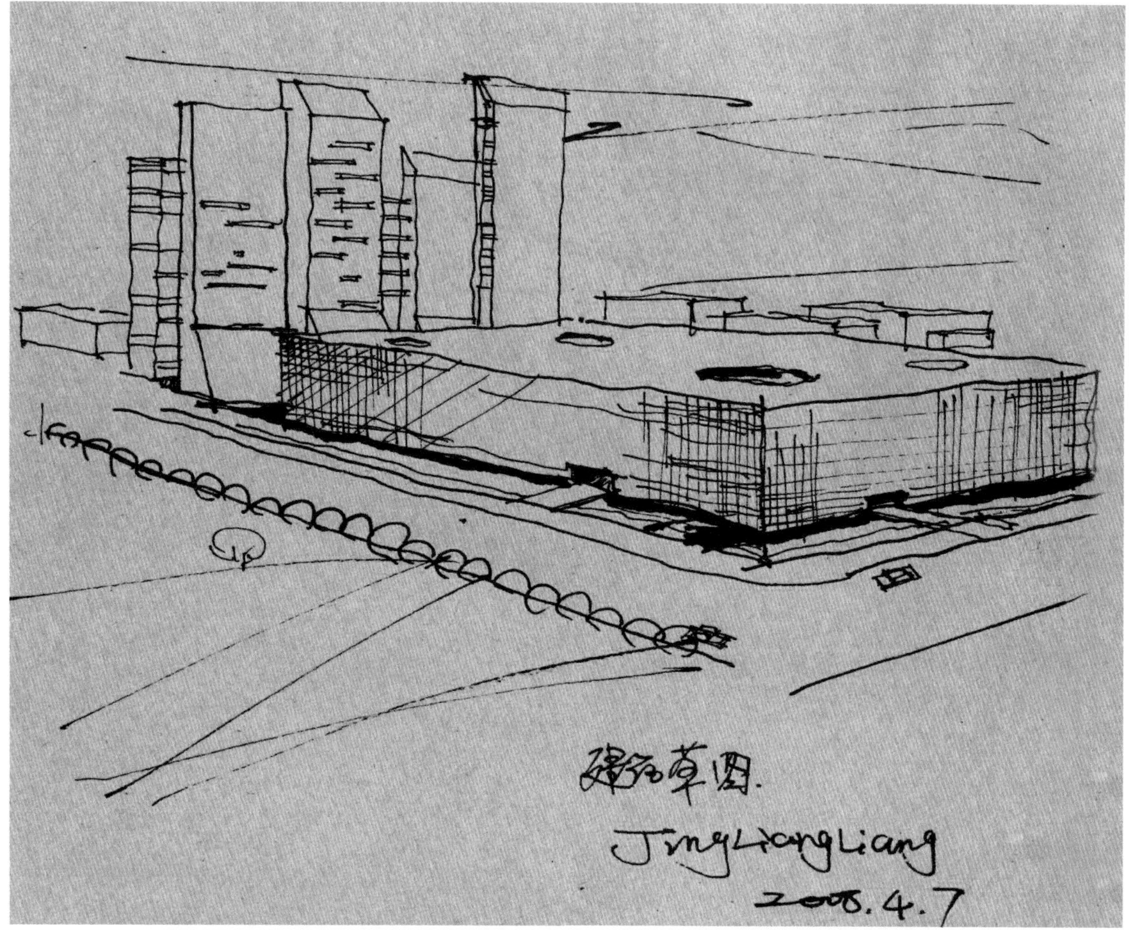
建筑草图.
JingLiangLiang
2008.4.7

2005.8.6
2007.8.30

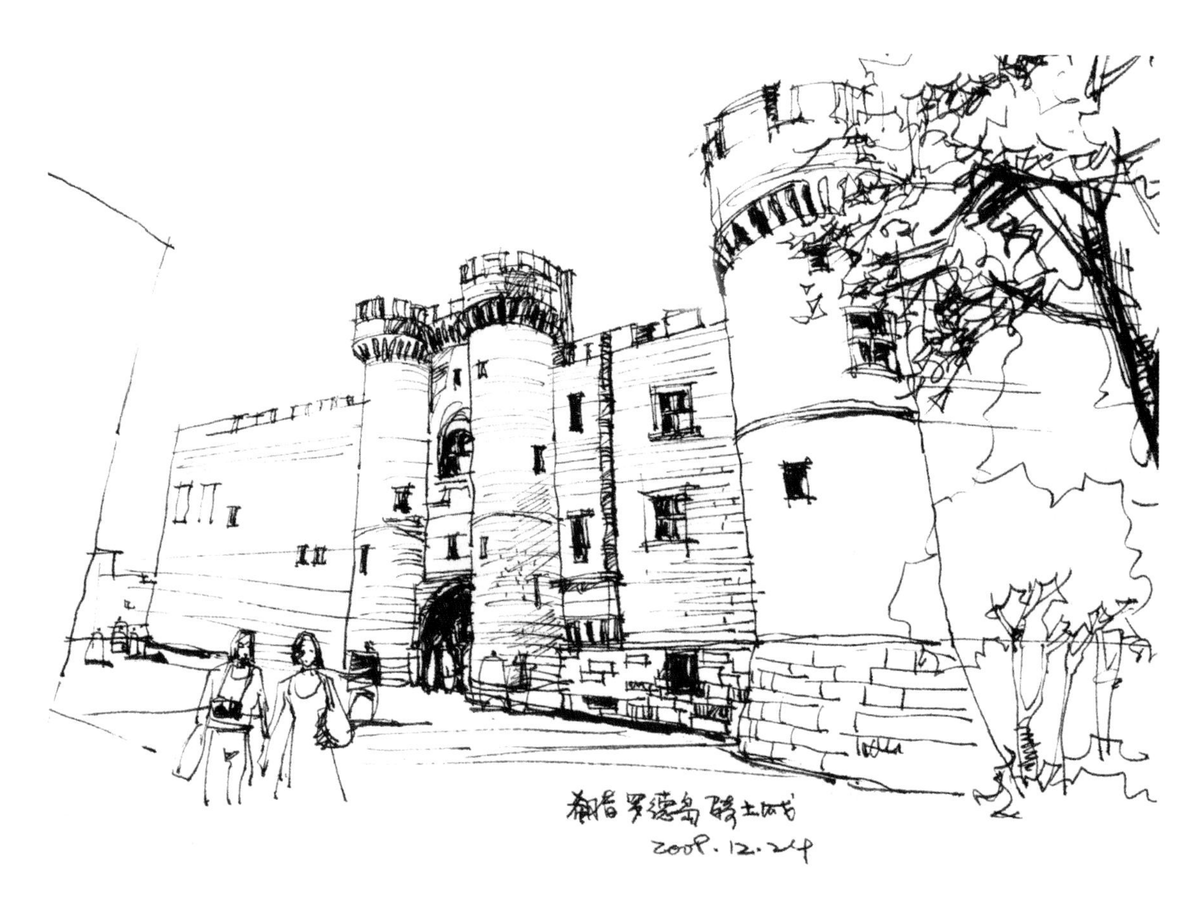
希腊罗德岛骑士城堡
2008.12.24

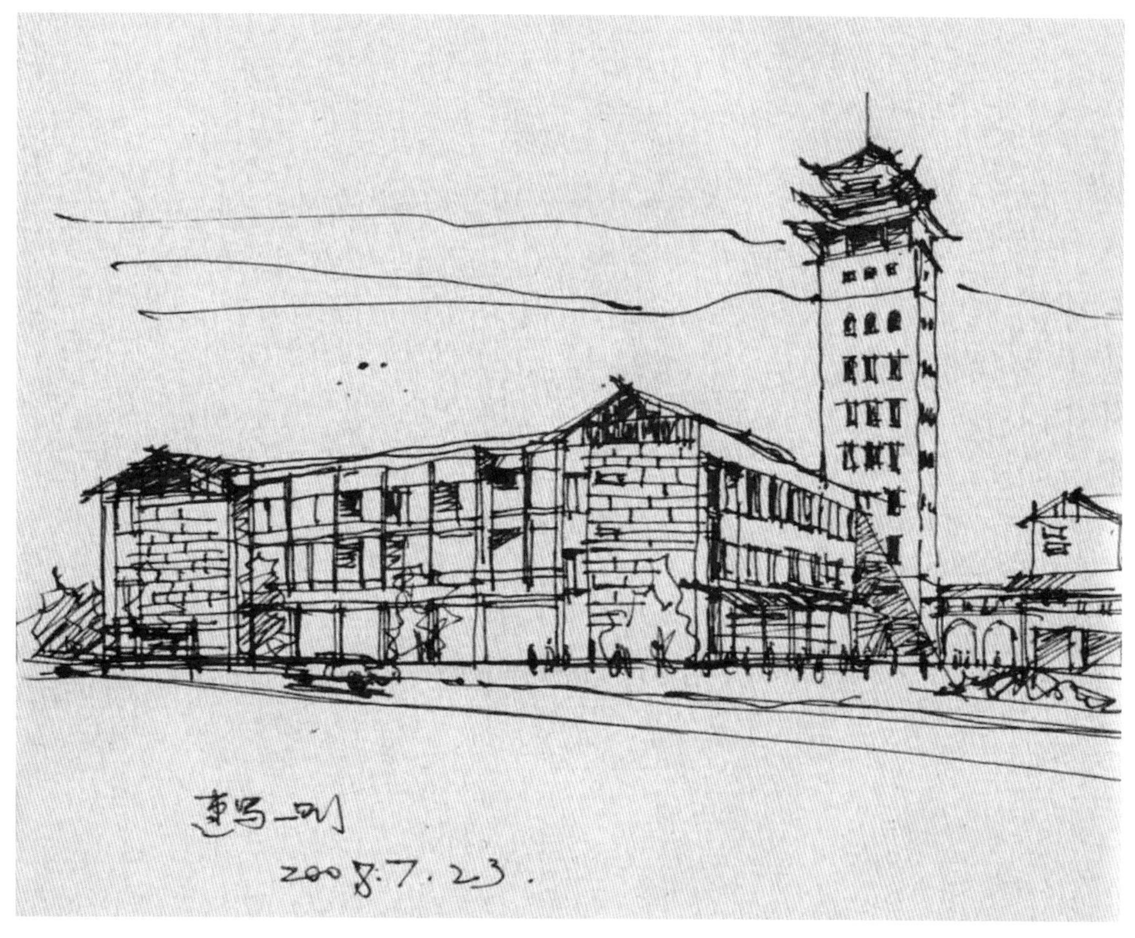
速写一则
2008.7.23.

杭州下沙
2007.12.18.

建筑写生
2007.12.6

2007. 7. 29.

别墅照片写生.
2008.6.26.

2008.6.5

2007.7.29.

·小木屋·
2007.8.6

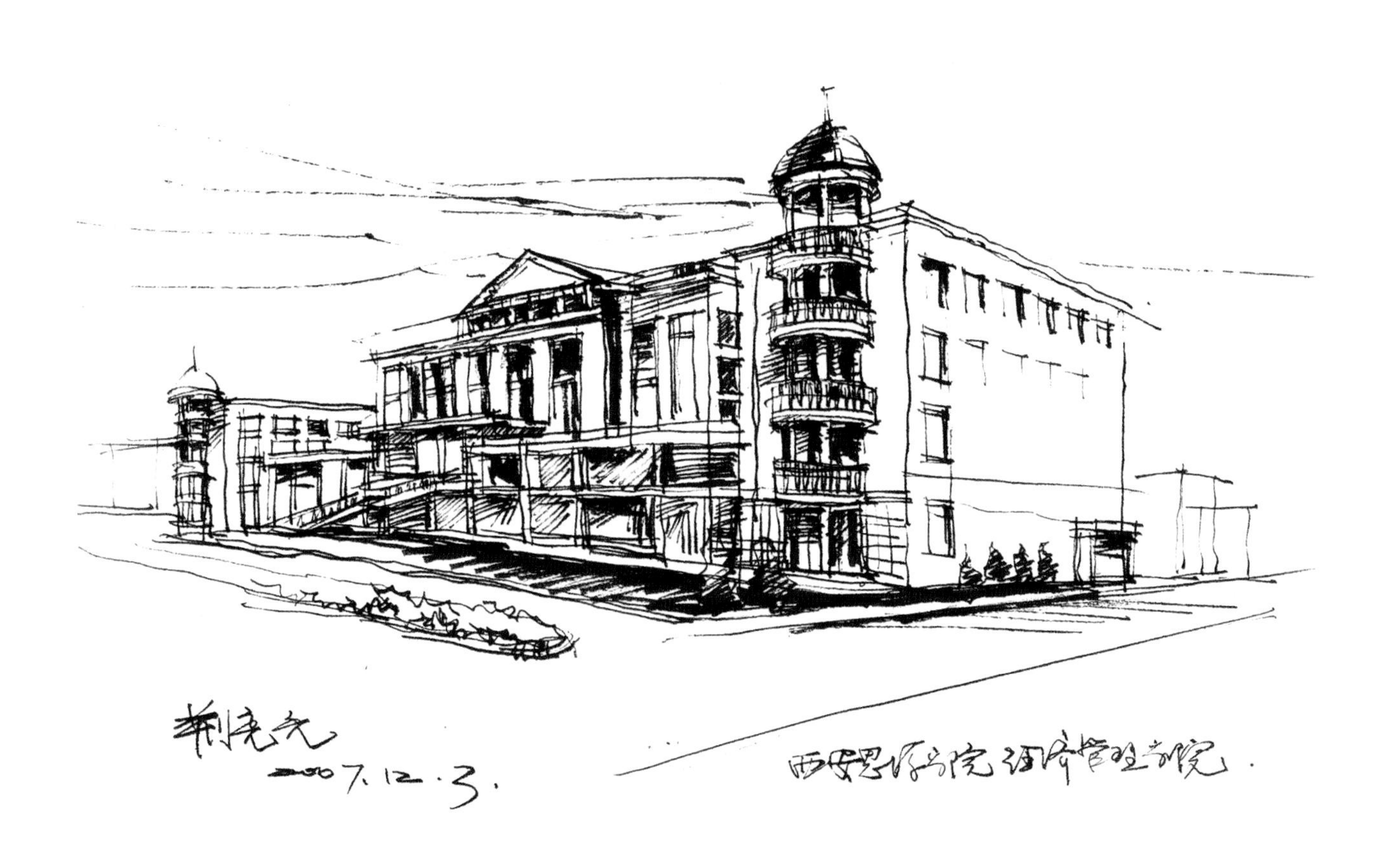
2007.12.3.

2007.10.7
•于兴庆公园

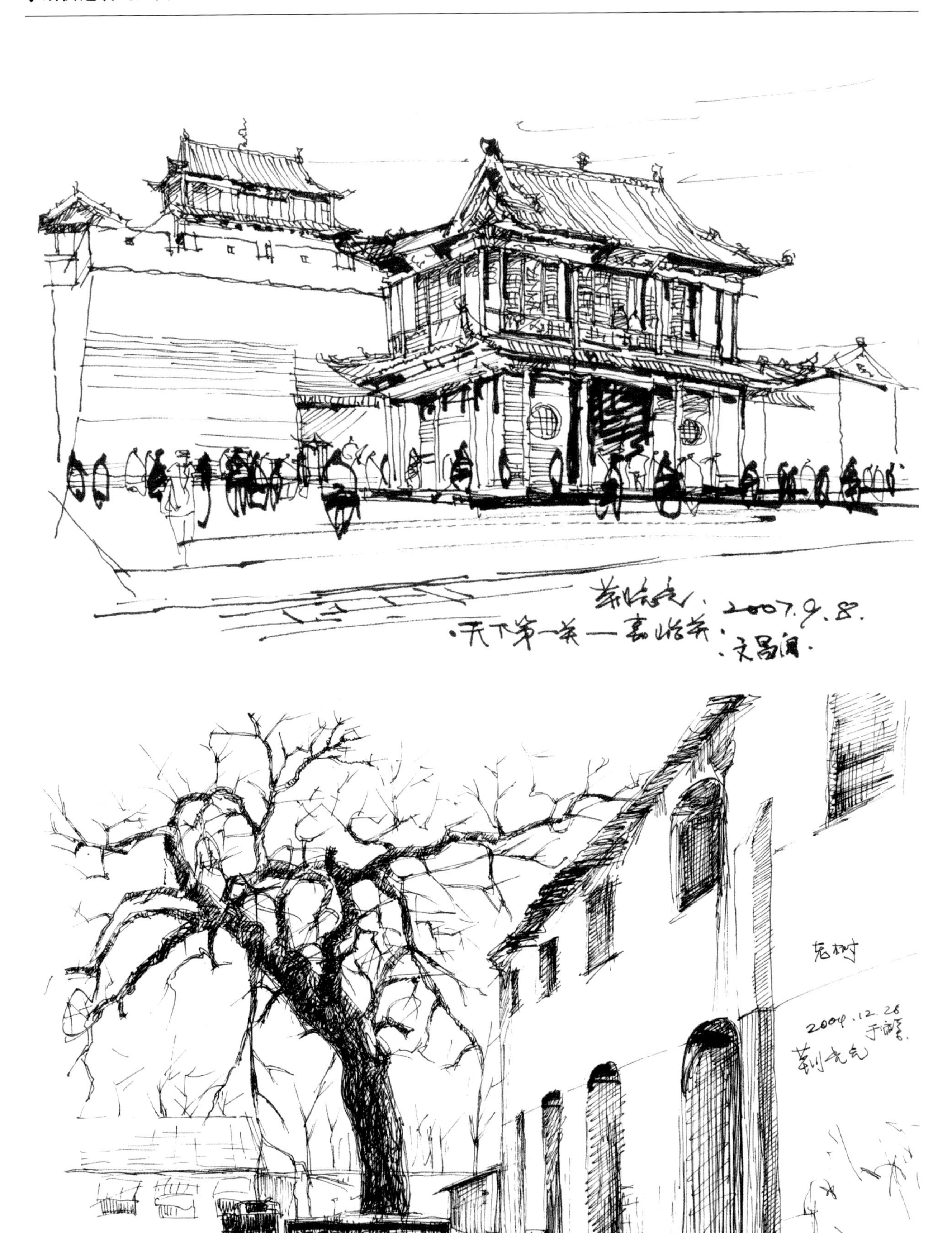
2007.9.8.
天下第一关
老树
2004.12.28

2008.7.7.

四川绵阳中心医院.
08.7.7.

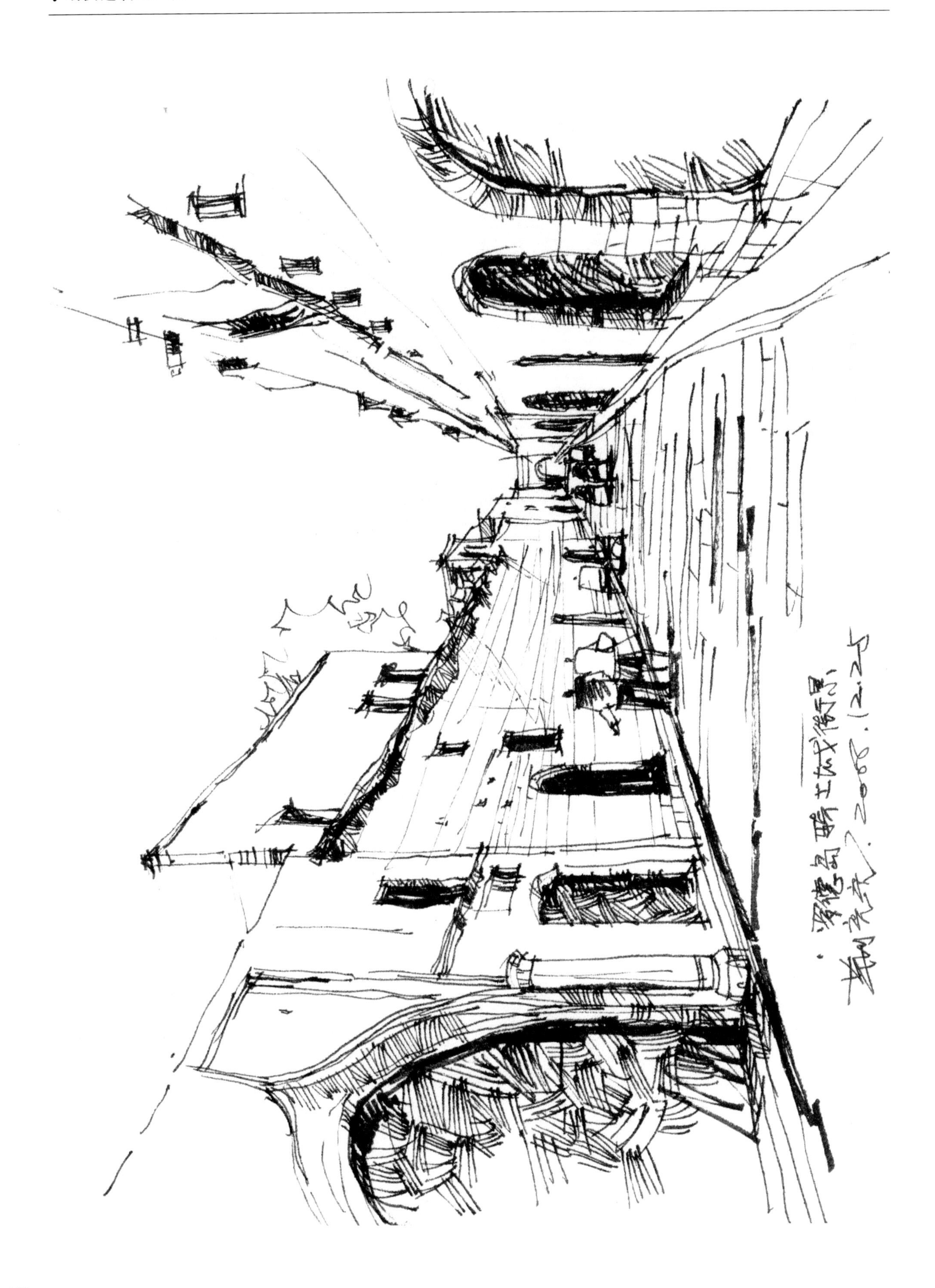

2008.10.22
着色练习.

2007.1.12

小桥流水.
西安·祥裕森林公园.
Jing Liang Liang
2008.4.16.

2006.1.4
2007.9.

2006.5.8

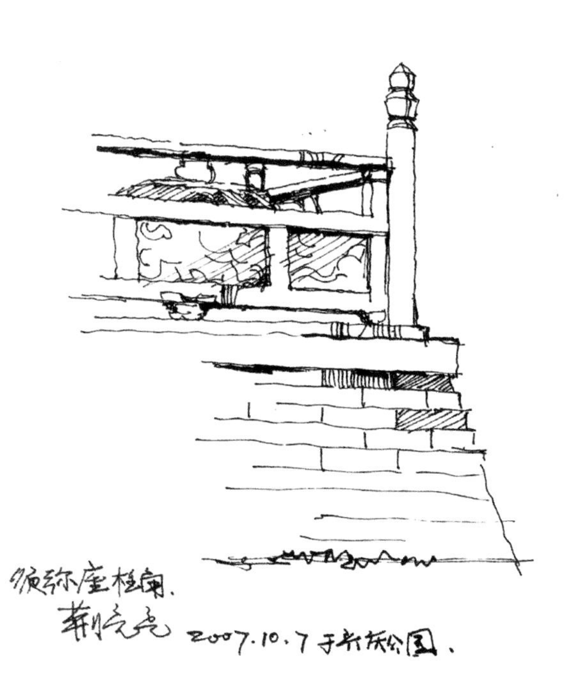
须弥座栏角.
2007.10.7 于新东公园.

2008.10.17

一棵老树.
2008.1.3

安黄的房子
2008.12.20
山村农家乐

2007.7.18

临摹奥利佛风景速写.
2007.9.30

古镇一瞥.
2007.6.5

2007.11.11
2007.6.25.